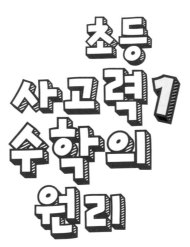

수학 교과서의 각 단원 앞부분에는 항상 개념과 원리에 대한 설명이 나옵니다. 개념을 정확하게 알고 원리를 제대로 이해해야 수학적 사고를 하는 힘을 기를 수 있습니다. 그런데 문제 풀이에만 집중하다 보면 개념과 원리를 잊어버리는 일이 자주 일어납니다.

특히 수학적 능력을 평가하는 수학경시대회에는 단순히 계산만 할 줄 알아서는 풀 수 없는 문제들이 자주 나옵니다. 사실 이런 문제들도 기본적으로 교과서에 나오는 개념과 원리를 바탕으로 하고 있습니다. 그것을 기반으로 생각하고 응용할 줄 알아야 풀 수 있는 문제들입니다. 이런 문제들을 '사고력 문제'라고 합니다.

사고력 문제들은 어렵다고요? '사고력'이라는 말은 말 그대로 생각할 수 있는 힘을 뜻합니다. 이런 힘이 하루아침에 갑자기 생기는 것은 아닙니다. 평소 수학 문제 하나를 풀더라도 그 문제를 푸는 데 필요한 원리가 무엇인지 곰곰이 생각해 보고 다양한 방법으로 응용해 보는 연습을 꾸준히 해야 합니다.

이 책에는 초등학생 친구들이 각종 수학경시대회에서 스쳐 지나갔던 문제나 학원 수업이나 수학 문제집을 통해서 접해 본 적이 있을 법한 거의 모든 사고력 문제들을 다루고 있습니다. 제대로 이해하지 못하고 넘어갔던 이런 문제들의 원리를 찬찬히 살펴보고 그 속에 포함된 다양한 의미들에 대해 이야기를 나누어 보려고 합니다.

사실 사고력 수학의 핵심적인 원리들은 서로 연관이 있기도 하고 하나의 원리로 다양한 접근을 할 수도 있습니다. 예를 들어 가우스의 원리는 단순히 '연속된 수들의 합을 구하는 공식'이 아니라 도형으로도 표현할 수 있고 점으로도 나타낼 수 있는 여러 가지 수의 원리를 품고 있습니다. 이것을 이용해 다양한 방법으로 수의 개수를 구하는 문제를 풀어낼 수 있는 마법의 열쇠와도 같습니다.

이 책에서 아이와 아빠는 대화를 나누면서 수학의 중요한 원리에 대해 함께 생각해 보고 하나하나 따져 가며 문제를 풀어갑니다. 이 책을 읽는 친구들도 이런 과정을 함께 따라가면서 고민해 보고 문제를 풀어 본다면 수학적 사고력을 키울 수 있을 것입니다.

또한 이 책에는 주사위나 하노이의 탑 같은 수학 교구들을 소개하고 님 게임, 숫자 야구 게임 같은 재미있는 수학 게임들을 소개하여 한층 재미있게 수학에 접근할 수 있도록 하였습니다.

끝으로 사고력 수학이 어렵다고 생각하는 친구들과 수학을 좀더 잘하고 싶다고 생각하는 친구들에게 길잡이 역할을 하는 책이되기를 바라는 마음을 남깁니다.

차례

먼저 읽고 동영상 강의를
시청해 보세요.

1장. 수학 공부, 어떻게 할까

01 수학 문제는 반드시 써서 풀어야 하나요? … 11

02 모든 수학 문제에는 원리가 있나요? ……… 17

03 문장제 문제가 어려워요 …………………… 24

04 수학 규칙은 왜 중요한가요? ……………… 29

2장. 수학, 원리를 잡아라

01 잊혀져 가는 수학 원리 …………………… 35

02 3을 $\frac{1}{2}$로 나누면? …………………… 42

03 이집트인들의 분배 방식 …………………… 49

04 올림, 버림, 반올림은 왜 하나요? ………… 56

05 80일 = 81일? …………………………… 64

06 원은 무엇인가요? ······························· 71

07 말을 탄 기사의 대결 ······················· 77

08 신기한 패러티 논리 ························· 83

09 천재 수학자 가우스 ······················· 92

10 에라토스테네스의 체 ······················· 102

3장. 쉽고 재미있게 공부하는 수학

01 교구에 들어 있는 수학적 원리 ············· 115

02 수학 게임에 숨은 수학적 원리 ············· 132

03 음악과 수학 ······························· 146

04 프랙탈 ··································· 154

05 칠교놀이와 소마큐브 ······················· 164

01

수학 공부, 어떻게 할까

수학의 본질은 그 자유로움에 있다.

The essence of mathematics is in it's freedom.

- 게오르크 칸토어

01

수학 문제는 반드시 써서
풀어야 하나요?

 수학 문제는 쓰면서 풀어야 한다는 말 들어봤니?

 그럼요, 아빠. 학교 선생님이랑 학원 선생님이 항상 그렇게 말씀하시는걸요. 쓰면서 풀어야 실수를 줄일 수 있고 정확한 답을 구할 수 있다고요.

 그렇고말고. 하지만 반드시 그런 건 아니란다. 이 문제를 한 번 풀어 볼래?

$$347 + 58 + 53 + 192 - 158 + 108$$

아빠, 딸을 너무 무시하시는 거 아니세요? 그냥 더하고 빼는 문제잖아요. 하나씩 차근차근 써 가면서 풀어 볼게요.

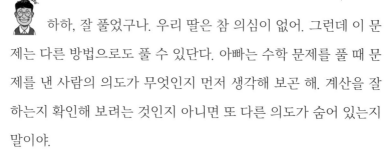

 정답은 600이네요!

하하, 잘 풀었구나. 우리 딸은 참 의심이 없어. 그런데 이 문제는 다른 방법으로도 풀 수 있단다. 아빠는 수학 문제를 풀 때 문제를 낸 사람의 의도가 무엇인지 먼저 생각해 보곤 해. 계산을 잘하는지 확인해 보려는 것인지 아니면 또 다른 의도가 숨어 있는지 말이야.

계산 능력을 테스트해 보기 위해서 이 문제를 낸 것일까? 아빠 생각에는 아닌 것 같은데……. 연필을 사용해서 문제를 풀기 전에 문제를 낸 의도가 무엇인지 살펴보렴. 그것을 찾아내는 게 문제를 푸는 핵심인 경우가 많단다. 아빠가 이 문제의 더하고 빼는 순서를 괄호를 이용해서 한번 바꿔 볼까?

$$(347 + 53) + (58 - 158) + (192 + 108)$$

 우와! 더하고 빼는 순서만 바꿨는데 문제가 아주 간단해진 것 같은 느낌이네요! 암산으로도 풀 수 있겠어요.

$347 + 53 = 400$

$58 - 158 = -100$

$192 + 108 = 300$

따라서 400 - 100 + 300 = 600

> 원래 -100이라는 수는 초등 수학 과정에서 배우지 않지만 -158을 -100과 -58로 나눠서 $58-58$을 계산한 다음 -100이 남은 것으로 생각합니다.

 그렇지? 이제 아빠가 한 말이 무슨 뜻인지 알 수 있을 거야. 수학 문제를 풀 때는 반드시 써서 풀어야 하는 것은 아니란다. 물론 복잡한 계산 문제는 머릿속으로 계산하지 않고 연필로 직접 쓰면서 풀어야 실수를 하지 않을 수 있어. 하지만 무조건 그렇게 하기보다는 문제에 숨어 있는 의도가 있는지 먼저 살펴봐야 해. 그래야 생각하는 힘을 기를 수 있거든. 우리가 수학을 공부하는 목적이 바로 여기에 있는 거란다.

이 문제처럼 단순한 계산 문제라도 연필로 풀어 보기 전에 문제를 해결할 수 있는 다른 방법이 있는지 고민해 보는 과정이 필요하단다. 그렇게 하면 문제를 해결하는 보다 쉬운 방법을 찾을 수도 있고 실수를 줄일 수도 있으며 연필을 사용할 필요도 없는 경우가 많단다.

한 문제 더 풀어 볼까?

$$\left(\frac{1}{1}+\frac{1}{2}+\frac{1}{3}+\frac{1}{4}+\cdots+\frac{1}{9}\right)+\left(\frac{1}{2}+\frac{1}{3}+\frac{1}{4}+\cdots+\frac{1}{9}\right)$$

$$+\left(\frac{1}{3}+\frac{1}{4}+\frac{1}{5}+\cdots+\frac{1}{9}\right)+\left(\frac{1}{4}+\frac{1}{5}+\frac{1}{6}+\cdots+\frac{1}{9}\right)$$

$$+\left(\frac{1}{5}+\frac{1}{6}+\frac{1}{7}+\frac{1}{8}+\frac{1}{9}\right)+\left(\frac{1}{6}+\frac{1}{7}+\frac{1}{8}+\frac{1}{9}\right)$$

$$+\left(\frac{1}{7}+\frac{1}{8}+\frac{1}{9}\right)+\left(\frac{1}{8}+\frac{1}{9}\right)+\left(\frac{1}{9}\right)$$

굉장히 어렵고 복잡해 보여요. 일단 괄호 안의 숫자부터 계산해야 할 것 같기는 한데 아직 분모가 다른 분수의 덧셈은 배우지 않았어요.

분모가 다른 분수의 덧셈은 먼저 분모를 같게 만든 다음에 계산을 하면 된단다. 그걸 '통분'이라고 하지. 그런데 이 문제는 통분을 하지 않아도 얼마든지 풀 수 있어. 문제에 괄호가 있을 때는 그 안의 숫자를 먼저 계산하는 게 일반적인 방법이야. 괄호를 지웠을 때 계산 순서가 달라지는 경우에는 꼭 그렇게 해야 한단다. 그런데 이 문제는 모두 덧셈으로 이루어져 있어. 덧셈은 앞뒤 순서를 바꿔서 계산해도 값이 다르지 않단다. 그러니까 괄호가 없다고 생각하고 계산 순서를 바꿔 볼까?

그래도 어렵기는 마찬가지인걸요. $\frac{1}{2} + \frac{1}{4} = \frac{2}{4} + \frac{1}{4} = \frac{3}{4}$ 과 같은 계산은 그림을 그려서 생각할 수 있어요. $\frac{1}{2}$ 과 $\frac{2}{4}$ 가 크기가 같은 분수라는 것을 알아내어 해결할 수도 있겠죠. 하지만 이 문제는 너무 복잡해요.

분모가 다른 경우의 덧셈은 그렇게 하면 되지. 분모가 같다면 더 쉬워지겠지?

이 문제는 분모의 숫자가 제각각인걸요? 아, 분모가 같은 숫자끼리 모아서 더하니까 1이 되네요! 분모의 종류는 1에서 9까지 아홉 가지니까 1을 아홉 번 더해서 정답은 9네요.

잘 풀었구나! 이 문제는 이렇게 덧셈의 순서를 바꿔서 풀면 쉽게 해결할 수 있단다. 그러지 않고 보이는 대로 계산하려고 했다면 괄호 안의 숫자를 일일이 통분해야 했을 테고 계산 과정이 복잡했을 거야. 으아, 생각만 해도 머리가 아픈걸?

수학 문제는 써서 풀라는 말, 정말 그럴까요?

선생님이나 부모님은 수학 문제를 풀 때 반드시 써서 풀라는 말을 많이 합니다. 풀이 과정이 복잡한 문제는 종이에 써 가며 해결하는 것이 실수를 줄일 수 있는 방법이기는 합니다.

하지만 그것보다 중요한 것은 연필을 들기 전에 문제에 대해서 충분히 생각해 보는 습관입니다. 계산 과정에서 실수를 할 때도 있지만 문제를 정확하게 읽지 않아서 실수를 하는 경우도 많습니다.

문제의 조건을 파악하고 가장 합리적인 해결 방법을 찾는 것이 수학 문제를 푸는 과정에서 가장 중요한 일입니다. 경험이 쌓이고 실력이 높아질수록 이 과정의 시간이 짧아질 수 있습니다.

단순한 계산 문제를 대할 때도 문제의 숨은 의도가 무엇이고, 좀 더 합리적인 해결 방법을 생각하는 습관은 간단한 풀이 과정을 발견할 수 있게 하며 진정한 수학 실력을 쌓도록 도와줍니다.

02

모든 수학 문제에는
원리가 있나요?

 아빠, 이 문제 좀 풀어 보세요.

다음 세 가지 길이의 막대를 이용하여 잴 수 있는 길이는 모두 몇 가지인가요?

2cm	3cm

7cm

이거 아주 쉬운데? 막대를 한 개만 이용해서 길이를 잴 수 있을 테고, 두 개나 세 개를 이어 붙여서 길이를 잴 수도 있겠구나. 또 막대 두 개를 나란히 옆으로 붙여서 두 개의 길이를 비교해

길이를 잴 수도 있구나. 같은 식으로 막대 두 개를 이어 붙이고 한 개는 나란히 붙여서 이용할 수도 있겠는걸? 아빠가 이렇게 정리해 볼게.

막대 한 개로 길이를 잰 경우 → 2cm, 3cm, 7cm

막대 두 개를 이어 붙여 길이를 잰 경우 → 2+3=5cm, 2+7=9cm, 3+7=10cm

막대 세 개를 이어 붙여 길이를 잰 경우 → 2+3+7=12cm

막대 두 개를 옆으로 나란히 붙여서 길이를 잰 경우 → 3-2=1cm, 7-3=4cm, 7-2=5cm

막대 두 개를 이어 붙이고, 한 개는 나란히 붙여서 길이를 잰 경우 → 7+3-2=8cm, 7+2-3=6cm, 7-2-3=2cm

중복된 숫자를 제외하고 나머지를 나열하면

정답은 1, 2, 3, 4, 5, 6, 7, 8, 9, 10, 12cm로 모두 열한 가지 종류의 길이를 잴 수 있구나.

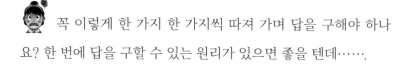 꼭 이렇게 한 가지 한 가지씩 따져 가며 답을 구해야 하나요? 한 번에 답을 구할 수 있는 원리가 있으면 좋을 텐데……

수학의 원리가 항상 문제를 간단히 풀 수 있는 식을 제공하는 것은 아니란다. 모든 수학 문제가 식 하나로 해결된다면 수학

자들이 한 문제를 풀기 위해 오랫동안 고생하는 일도 없을 거야. 심지어 몇 십 년이 걸려도 풀지 못하는 수학 문제들도 있단다.

이렇게 시행착오의 과정을 거치면서 조건을 분류하여 문제를 해결하는 방법도 아주 중요하단다. 여러 가지 답을 찾는 문제는 한 가지씩 방법을 모두 따져 봐야 하지만 그 과정에서 분류를 해 보거나 순서를 정해 보는 것은 생각나는 대로 찾는 것과는 큰 차이가 있어.

우선 아래의 문제를 풀어 보렴.

성냥개비 한 개를 옮겨서 식이 성립되게 만들어 보세요.

 성냥개비를 한 개만 옮기라고요? 곱하기를 바꿀 수는 없고……. 아, 3 곱하기 7은 21이니까 성냥개비 한 개를 옮겨서 2를 3으로 바꾸면 되겠네요. 생각보다 쉬운데요? 하하!

잘했구나. 이런 문제가 어렵게 느껴지는 이유는 여러 가지 경우를 따져 봐야 하기 때문이야. 먼저 곱하기를 바꿀 수 없다는 것을 알아차리고 그 다음에 곱이 21이 되는 경우를 찾아보았지? 이런 문제는 여러 번 풀수록 따져야 하는 조건을 빨리 알아차릴 수 있단다.

그렇다고 해서 무조건 많이 풀어 보라는 말은 아니야. 여러 문제를 풀어 보는 과정에서 문제를 쉽게 해결할 수 있는 원리를 발견하거나 배우기도 하지만 그전에 나름의 논리를 세우고 시행착오를 줄이는 것도 훌륭한 수학적 탐구 방법이란다.

한 문제 더 풀어 볼까?

성냥개비 두 개를 옮겨서 크기가 같은 정사각형 네 개를 만들어 보세요. 단 정사각형을 이루지 않는 성냥개비는 없어야 해요.

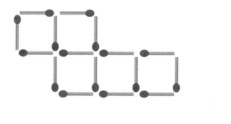

어쩐지 쉬운 문제를 내 주신다 싶었네요. 이번에는 좀 어려운데요? 성냥개비로 푸는 문제는 항상 시간이 좀 걸린다니까요.

먼저 성냥개비의 수를 세어 봐. 모두 몇 개지?

 열여섯 개네요.

크기가 같은 정사각형 네 개를 만들라고 했지? 정사각형은 성냥개비 네 개로 만들 수 있잖아. 전체 개수가 열여섯 개이니까 딱 정사각형 네 개를 만들 수 있는 숫자이지. 그렇게 하려면 처음 문제에 나와 있는 것처럼 정사각형이 서로 붙어 있어서 함께 사용하는 성냥개비 개수는 없어야 해.

가장 왼쪽에 있는 정사각형부터 하나씩 따져 볼까? 자, 이 정사각형은 남겨 두고 그 옆에 이웃한 정사각형은 없애야 해. 그 아래 정사각형은 성냥개비 개수를 최소한으로 옮겨야 하니까 그대로 두는 거야. 이런 식으로 생각하면 오른쪽 그림처럼 남아 있는 정사각형과 성냥개비를 옮겨서 없애야 하는 정사각형으로 구분할 수 있어.

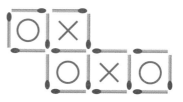

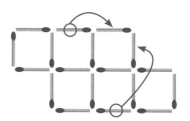

이렇게 따져 보면 없애야 하는 정사각형의 성냥개비 중에서 옮겨

야 하는 성냥개비를 발견할 수 있
어. 그대로 정리하면 오른쪽처럼
답이 나오는 거야.

 아웅, 이렇게 살펴보니까 편리하게 따져 볼 수 있는 원리가
있긴 하네요. 복잡하다, 복잡해.

시행착오를 거쳐야 하는 문제가 어려운 건 사실이야. 중요
한 것은 모든 수학 문제에는 원리가 숨어 있다는 거란다. 한 번에
해결할 수 있는 원리가 아닌 경우에는 눈에 잘 띄지 않을 뿐이지.
여러 가지로 나누어서 풀어나가는 문제에도 원리는 있다는 거지.
이런 경우에는 시행착오를 줄일 수 있도록 따져나갈 순서를 정해
서 하나씩 해결하면 된단다. 이 문제처럼 한 번에 답이 나오는 경
우도 있고 그렇지 않은 경우도 많으니까.

모든 수학 문제에는 이유가 있고 원리가 있다.

수학 교과서와 문제집을 풀다 보면 아무리 생각해 봐도 답을 구할 수 있는 원리가 없는 것처럼 느껴지는 문제가 있습니다. 특히 사고력 문제나 수학경시대회 문제가 그렇습니다. 여러 가지 방법을 시도해 봐야 하는 문제를 앞에 두고 무조건 하나씩 다 따져 봐야 한다고 생각할 필요는 없습니다. 생각이 안 나더라도 어떤 것부터 시작하면 될지 결정하고 어떤 식으로 나누어서 따져 보면 될지 정한 뒤 하나씩 순서대로 해 보면 됩니다.

이렇게 공부하는 가운데 수학적 감각이 생겨나고 시행착오를 줄일 수 있는 실력이 쌓이게 됩니다. 이것은 연산을 빠르고 정확하게 하는 것과는 별개인 또 다른 수학적 감각입니다.

문장제 문제가
어려워요

 요즘 책 많이 읽니?

 학교에서 추천하는 책도 읽고 관심 있는 책은 직접 찾아서 읽어 보기도 해요.

 수학을 좋아하니까 수학 관련 책도 많이 읽어 보았겠구나.

 이야기책이 아닌 경우에는 만화책으로 많이 보죠. 수학이나 과학을 다룬 만화책이 얼마나 많은데요. 아, 수학 동화를 읽은 적은 있어요.

흠, 수학을 잘하고 싶다면 수학과 직접적으로 관련이 있는 책을 많이 읽어 보는 게 좋아. 문제집을 푸는 것과는 또 다른 방식으로 수학적 사고력을 키우는 데 도움이 되거든. 수학 만화나 수학 동화는 대부분 수학에 관한 내용을 깊이 있게 다루기 힘들단다. 특히 스토리 전개 위주로 흘러가는 수학 동화는 그냥 만화책을 읽는 것과 크게 다르지 않아. 수학적 감각을 키우려면 수학 문제나 수학적 상황을 직접적으로 맞닥뜨릴 수 있는 책이 좋아. 그 속에서 스스로 생각해 보고 깨달아야 수학 실력이 늘 수 있단다. 수학 개념을 잠깐 소개하고 마는 책은 안 읽는 것보다야 낫기는 하겠지만 크게 도움이 되지는 않는단다.

아빠, 궁금한 점이 생각났어요. 독서를 많이 해야 문장제 문제를 잘 풀 수 있다고 하더라고요. 정말 그럴까요?

글쎄다. 아래 문제를 같이 풀면서 한 번 생각해 볼까?

> 구슬 몇 개를 정수와 지성이가 똑같이 나누어 가졌습니다. 그러다 정수가 가진 구슬의 반을 지성이에게 주었더니 지성이는 정수보다 구슬 4개가 더 많아졌습니다. 처음에 있던 구슬은 모두 몇 개일까요?

답을 금방 구하기가 어려워요. 시간이 좀더 있으면 문제를 해결할 수도 있을 것 같은데…… . 무슨 말인지는 다 이해했지만 어떻게 답을 구해야 할지 떠오르지가 않아요.

그럼 아빠가 먼저 질문을 해 볼게. 정수와 지성이가 같은 개수의 구슬을 가지고 있다가 정수가 지성이에게 구슬을 몇 개 주고 나니까 네 개 차이가 나게 됐어. 정수가 지성이에게 준 구슬은 몇 개일까?

구슬을 한 개 줄 때마다 두 사람이 가진 구슬의 개수는 두 개씩 차이가 나게 되네요. 네 개 차이가 났다고 했으니까 정수가 지성이한테 준 구슬의 개수는 두 개예요. 아, 알았다! 정수가 가진 구슬의 절반이 두 개라는 말이네요. 그럼 정수가 가지고 있던 구슬의 개수는 네 개군요. 처음에 두 사람이 똑같이 구슬을 나누어 가졌다고 했으니까 지성이가 가지고 있던 구슬의 개수도 네 개이고 전체 구슬의 개수는 여덟 개인 거죠!

잘 풀었구나! 초등학교 1학년 수학경시대회에 나왔던 문제란다. 더하기, 빼기만 할 줄 알면 얼마든지 풀 수 있는 문제야. 문제에 어려운 단어도 없어서 무슨 말인지는 알아듣겠는데 푸는 방법을 바로 떠올리기 어려운 경우이지. 문제에 나오는 조건과 조건 사이의 관계를 파악하고 어떤 조건에 대해서 먼저 따져 보아야할지 생각해 봐야 하는 거야. 이렇듯 문장제 문제의 내용을 이해한다고 해도 답을 구하는 과정을 떠올리는 것은 별개의 문제란다. 동화책을 읽는 독서 능력과 수학 문제를 해결하는 능력은 성격이 다르다고 할 수 있지.

수학 공부에 도움이 되는 독서 방법은 무엇일까요?

문장제 문제가 어렵게 느껴지는 것은 그 문제의 뜻을 이해하지 못해서가 아닙니다. 문장제 문제는 대부분 기본적인 언어 능력을 갖추고 있다면 누구나 이해할 수 있는 내용으로 구성되어 있습니다.

간혹 심화 문제집이라고 하여 문맥을 꼬아 놓은 문제를 많이 실어놓은 책이 있기도 합니다. 이런 문제집을 푸는 데에는 독서 능력이 어느 정도 도움이 될 수도 있겠지만 학교 시험이나 수학경시대회 또는 대학수학능력시험에 나오는 문제는 말을 꼬아 놓지 않고 명확한 질문을 합니다. 만약 무슨 말인지 정확하게 파악하기 어려운 문제가 많이 실려 있는 문제집을 가지고 있다면 과감하게 버려도 괜찮습니다.

문장제 문제는 수학적인 상황을 말로 설명한 것입니다. 식으로 표현한 문제는 잘 풀면서도 상황으로 설명한 문제는 낯설게 느끼는 경우가 많습니다. 문장제 문제는 여러 가지 조건이 함께 나오거나 제시된 상황 속에 숨겨져 있는 수학적 규칙이나 원리를 파악해야 하기 때문에 어렵게 느껴질 수도 있습니다.

문장제 문제에 대한 걱정으로 독서거리를 찾는다면 독해 능력보다는 수학적 감각을 키울 수 있는 책들을 찾아볼 것을 추천합니다. 수학자의 이야기나 수학의 원리를 재미있게 설명한 책이 도움이 될 것입니다. 이런 책들은 수학 문제집을 푸는 것 이상으로 수학에 대한 관심을 높이고 실력을 쌓는 길로 이끌어 줄 것입니다.

04

수학 규칙은 왜
중요한가요?

 아래 문제를 풀어 보겠니?

일정한 규칙에 따라 원을 색칠하였어요. 마지막 원은 어떻
게 색칠하면 될까요?

 분명히 어떤 규칙이 있는 것 같기는 한데……

 그림의 규칙을 찾는 문제 중에서 가장 어려운 유형에 속하는 문제란다. 수의 규칙과 회전의 규칙, 반전의 규칙이 함께 적용되는 문제거든. 먼저 주황색 칸의 수를 세어 보겠니?

1, 6, 3, 4, 5. 아! 홀수 번째는 주황색 칸의 수가 1, 3, 5이고 짝수 번째는 6, 4이네요. 그럼 여섯 번째는 두 칸이 칠해지게 될 것 같아요.

잘했구나. 그렇지만 어디에 색칠을 해야 할지 아직 모르겠지? 이번에는 짝수 번째 흰 칸을 세어 보렴.

짝수 번째 흰 칸의 수는 2, 4, 6. 홀수 번째의 주황색 칸 수와 함께 세면 1, 2, 3, 4, 5, 6. 아! 반전이 무슨 말인지 알겠어요. 주황색 칸 1, 흰색 칸 2, 주황색 칸 3, 흰색 칸 4, 주황색 칸 5, 흰색 칸 6이네요. 서로 다른 색에 함께 규칙을 적용한 것이 반전의 뜻이죠? 앞에서 색칠한 것에서 시계 방향으로 한 칸 뛰어서 다음 색이 시작되는 게 규칙이네요. 이제 어디에 색을 칠해야 할지 알 것 같아요. 답은 이거예요.

아빠, 수학에서 규칙을 찾는 문제가 참 어려운 것 같아요. 다른 문제는 여러 수학 개념들과 관련이 있기도 하고 학년이 올라갈수록 그 전에 배운 내용을 다시 사용하게 되기도 하는데 규칙 문제는 그렇지 않은 것 같아요. 가끔은 왜 이런 문제를 풀어야 하나 이런 생각이 들기도 하거든요. 그런데 어려운 시험에서는 꼭 이런 문제가 나오더라고요. 지난번 교내 수학경시대회에서도 규칙에 관한 문제만 틀렸어요. 수학 규칙은 어떻게 공부해야 하나요? 그냥 많이 풀어 보면 될까요?

 규칙 문제가 어렵기는 하지. 규칙 문제를 많이 접해 보고 문제 해결 방법에 대해 고민해 보는 것 외에는 특별한 공부 방법은 없단다. 그렇다고 해서 규칙을 외워야겠다고 생각할 필요는 없어. 처음 보는 규칙 문제를 해결하려면 문제 풀이 방법을 따로 배우거나 외우는 것보다는 다양하게 생각해 보는 과정을 겪는 것이 더 중요하단다.

수학 문제 속에는 규칙이 숨어 있기 때문에 규칙을 발견하는 것은 수학 문제를 해결하는 좋은 방법 중 하나이기도 해.

수학적 규칙, 패턴은 왜 중요한가.

수학은 패턴의 과학이라고 말할 정도로 패턴은 수학에서 중요하게 다루어지고 있습니다. 패턴은 수학 개념을 이해하는 데 중요한 요소입니다.

패턴을 만들고 인식하며 확장하는 것은 일반화하고 관계를 찾고 순서나 논리를 이해하는 데 있어서 중요합니다. 또한 패턴은 문제 해결 전략의 하나이자 추론적 사고의 도구이며 의사 소통의 매개체로서 창의적 사고력을 증진시키기 위한 중요한 학습 요소입니다.

패턴을 탐구하면서 수학의 여러 영역을 연결 짓고 수학을 다른 교과와 통합하는 능력도 기를 수 있습니다. 이를 통해 학생들은 수학의 아름다움을 느끼고 비례 추론 능력과 함수적 사고를 기르게 됩니다.

'한국교육과정평가원 교수학습개발센터'의 자료 중에서

02

수학, 원리를 잡아라

수학이 간단하다는 사실을 사람들이 믿지 못하는 이유는 인생이 얼마나 복잡한지 모르기 때문이다.

If people do not believe that mathematics is simple, it is only because they do not realize how complicated life is.

- 존 폰 노이만

잊혀져 가는 수학 원리

 2학년이 끝나 가는 어느 교실에서 실제로 있었던 일이야.

"선생님, 식은 세웠는데 답을 못 구하겠어요. 도와주세요."

"식을 어떻게 세웠는데?"

"45 × 3이요."

"다 구했네. 무엇을 못한다는 거지?"

"전 한 자리 수 곱하기 한 자리 수는 할 수 있지만, 아직 두 자리 수 곱하기 한 자리 수는 안 배웠어요."

이 얘기를 보고 어떤 생각이 드니? 아빠는 우리나라 수학 공부의 현실을 보는 것 같아 좀 씁쓸하구나. 자, 이럴 때 너라면 어떻게 하겠니?

 전 두 자리 수 곱하기 한 자리 수를 계산할 줄 알아요, 아빠!

 그건 아빠도 알고 있지. 아빠가 이 이야기를 듣고 씁쓸하게 느낀 것은 작은 것 하나하나를 일일이 어떻게 풀어야 하는지 배우고 연습하는 식으로 공부하는 게 얼마나 위험한 일인지 알았기 때문이야.

무슨 말인지 모르겠다고? 현재 초등학교에서는 2학년 1학기에 곱셈 개념을 배우고 2학년 2학기에 구구단을 배워. 2학년 1학기에 곱셈을 배울 때 덧셈을 반복하는 것이 곱셈이라고 배웠지? 그러니까 2×3은 2를 세 번 더했을 때의 값이라는 걸 알고 있잖아. 구구단은 이런 원리의 곱셈 계산을 빨리 하기 위해 외우는 것일 뿐이야.

만약 이 친구가 곱셈의 개념을 제대로 알고 그 원리를 이해했다면 45×3이 45+45+45 라는 것을 알고 있었을 거야. '두 자리 수 ×한 자리 수'를 계산하는 방법을 배우지 않았더라도 얼마든지 답을 구할 수 있는 거지. 그런데 이 친구는 '한 자리 수×한 자리 수'만 배웠을 뿐이라며 문제를 풀 수 없다고 생각한 거야. '한 자리 수×한 자리 수', '두 자리 수×한 자리 수'를 푸는 방법을 일일이 배워야만 문제를 풀 수 있는 걸까?

초등학교 선생님들 말씀을 들어 보면 학생들이 시험에서 가장 어려워하는 문제가 다음과 같은 유형이래.

> 아래 문제를 해결하는 여러 가지 방법을 설명해 보세요.
>
> 26 + 14

답이 40이라는 것은 금방 알겠는데 여러 가지 방법으로 설명하라니 좀 당황스러운 문제이지? 교과서에는 분명히 이 문제를 해결하는 여러 가지 방법이 나와 있단다. 학생들은 이 문제를 해결하는 방법을 여러 가지로 생각해야 할 이유를 느끼지 못 하겠지만…….

아빠도 그런 부분이 이해되지 않는 건 아니야. 대부분의 학생들이 많은 문제를 빠르게 푸는 게 수학 공부의 방법이라고 생각하니까. 하지만 단순한 문제를 하나 풀더라도 왜 그렇게 되는지 생각해 보는 것이야말로 수학 공부의 핵심이란다. 아빠가 늘 강조하지? 의심해 보라고. 이런 문제가 나왔을 때 쓸데없이 힘들게 한다고 투덜대지 말고 말이야. 다 의미가 있는 거란다. 예를 들어 볼까?

① 24 + 16

② 29 + 14

③ 16 + 26

아빠는 위 세 가지 문제가 모두 다르다고 생각해.

①번은 일반적으로 배우는 계산법대로 십의 자리와 일의 자리를 계산하고 받아올림이 있다면 자리를 올려서 계산하지.

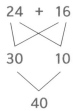

②번은 9라는 숫자가 계산하기 편하기 때문에 14에서 1을 29에 주어서 29를 30으로 채워 놓고 계산하는 것이 더 편리해.

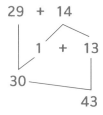

③번은 5를 2개 더하면 10이라는 것을 알고 있기 때문에 5를 떼어 내어서 계산하는 것이 더 편리하고.

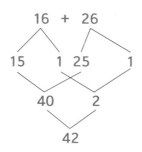

  그런데 여기에서 중요한 것은 이렇게 계산하는 것이 반드시 옳다고 이야기하기는 힘들다는 거야. 한 가지 방법만 생각하는 사람은 다른 방법이 불편할 수 있고 사람에 따라 각자 편한 방법이 다를 수도 있어.

  하지만 단순히 계산을 빠르고 정확하게 하는 것보다 이렇게 수를 쪼개고 순서를 바꾸어 더해 보는 연습을 하는 것은 수에 대한 감각을 발달하게 하고, 중학교 수학에서 문자와 식의 계산을 배울 때에도 많은 도움을 준단다. 교과서에서 배운 원리들을 중요하게 생각하고, 이를 바탕으로 다양한 사고를 하는 것이 수학적인 사고력 발달에 많은 도움을 준다는 이야기지.

  덧셈, 곱셈과 관련하여 원리를 확장한 예를 한 가지 더 보도록 하자. 식을 세워 계산하는 문제를 풀다 보면 다음과 같은 식을 세울 때가 있어.

$$4 \times (\text{☆} - 2)$$

보통 이럴 때 학생들은 배우지 않았다며 가르쳐 달라고 하지. 천천히 생각해 보면 얼마든지 스스로 풀 수 있단다. 자, 앞서 나왔던 45×3을 너는 어떻게 계산할 수 있니?

 40×3+5×3으로 나누어 계산하죠.

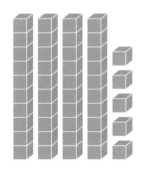

그렇지. 좀더 쉽게 두 자리 수 곱하기를 처음 배울 때처럼 수모형으로 생각해 보자. 10모형 네 개와 1모형 다섯 개가 있는데 이것이 세 묶음 있다고 생각하는 거야. 그러면 10모형 열두 개와 1모형 열다섯 개가 되겠지?

같은 원리로 $4 \times (\text{☆} - 2)$를 생각해 보면 (☆-2)가 4묶음 있는 것과 같으니 $(\text{☆} - 2) + (\text{☆} - 2) + (\text{☆} - 2) + (\text{☆} - 2)$가 되겠다. 그렇지?

더하기 빼기만 있는데 굳이 괄호를 할 필요는 없으니 순서를 바꾸어 계산하면 ☆×4-2×4가 된다는 것을 알 수 있지.

그런데 자칫 잘못 공부하면 위와 같은 원리를 생각할 틈도 없이 '괄호 밖에 곱셈이 있으면 괄호 안에 있는 각각의 수와 곱해 준다'고 외우게 된단 말이야. 그러면 괄호 안에 곱셈이나 나눗셈이 나올 경우에 또 어떻게 해야 하는지 개별적으로 배워야 하는 거야. 악순환이 계속되는 거지. 앞에서 배운 원리를 까먹었으니 뒤에서 배우는 것도 원리를 생각하지 못하고 외우게 된다고.

하지만 기본 원리를 잘 이해하고 활용할 수 있으면 중학교 교과서에 나오는 공식도 이해할 수 있어. 복잡해 보이지만 원리는 하나니까.

$$(\bigstar + \dawn) \times (\blacklozenge + \lozenge)$$

위의 식을 말로 설명해 보면 $(\bigstar + \dawn)$라는 묶음이 $(\blacklozenge + \lozenge)$만큼 있는 거야. 괄호를 없애서 나타내 보자.

3을 $\frac{1}{2}$로 나누면?

 간단한 나눗셈 문제를 하나 풀어 볼까?

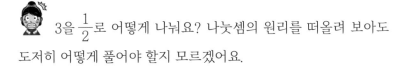

$$3 \div \frac{1}{2}$$

 3을 $\frac{1}{2}$로 어떻게 나눠요? 나눗셈의 원리를 떠올려 보아도 도저히 어떻게 풀어야 할지 모르겠어요.

 분수의 나눗셈을 계산하는 방법은 초등학교 6학년 때 배우게 돼. 그러니 당연히 어려울 수밖에. 그런데 초등학교 6학년한테 왜 그런 답이 나오는지 물어본다면 계산하는 방법만 설명하는 경우가 많을 거야. 계산하는 방법을 배우지 않아도 원리를 이용해서 답을 알아보자는 거지. 초등학교 3학년 교과에서 제일 처음 나눗셈을 배울 때 이 문제를 해결할 수 있는 원리를 이미 배우거든.

 정말요? 분수로 나눗셈을 할 수 있는 원리라구요?

 그럼, 정말이고말고. 3학년 때 처음 나눗셈을 배울 때 나눗셈의 개념을 두 가지로 배워. 이해하기 쉽게 사과 열두 개를 가지고 12÷3의 의미를 살펴보자.

　첫 번째는 열두 개의 사과를 세 개의 접시에 똑같이 나누어 담는 나눗셈이야. 똑같이 나누어 담는다는 것이 나눗셈이라는 말의 뜻과 비슷해서 우리는 나눗셈을 이런 의미로만 생각하고 있기 마련이지. 아래와 같이 한 접시에 사과를 똑같이 네 개씩 담게 되기 때문에 몫이 4가 되는 거야.

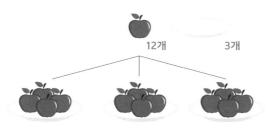

이 나눗셈으로 생각하면 $3 \div \frac{1}{2}$ 은 세 개의 사과를 절반의 접시에 나누어 담는다고 생각하는 거야.

 맞아요. 저도 그렇게 생각했는데 답을 알 수가 없었어요.

 두 번째는 사과 열두 개를 세 개씩 담았을 때 몇 개의 접시가 필요한지 알아보는 나눗셈이야. 이 나눗셈은 12에서 3을 묶어서 몇 번 덜어낼 수 있는지 찾는 거야. 12-3-3-3-3＝0이 되어 3을 네 번 덜어낼 수 있으니까 몫이 4가 되는 거야.

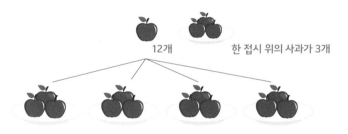

12개　　　한 접시 위의 사과가 3개

 그렇다면 $3 \div \frac{1}{2}$ 은 세 개의 사과를 접시 위에 절반씩 담았을 때 몇 개의 접시가 필요한지 묻는 것이네요. 아하! 이제 무슨 말씀인지 알겠어요. 한 개의 사과를 절반으로 자르면 두 조각이 되고 세 개의 사과면 여섯 조각이 되잖아요. $3 \div \frac{1}{2}$ 의 몫은 6이네요.

두 번째 개념으로 생각하면 나눗셈의 원리가 잘 이해되는 부분이 또 있어. 바로 나눗셈의 나머지 이해야. 다섯 개의 필통에 꽂혀 있는 연필을 다섯 개씩 포장하면 몇 개를 포장하고 몇 개가 남는지 계산해 볼까?

12자루   3자루   8자루   11자루   15자루

어렵진 않네요.

$12 + 3 + 8 + 11 + 15 = 49$

$49 \div 5 = 9 \cdots 4$

그럼 연필을 아홉 묶음 포장하고 네 개가 남아요.

잘했어. 아빠가 푼 다른 방법도 들어봐. 필통마다 다섯 개씩 묶어서 덜어내고 남은 것끼리 더 이상 덜어낼 수 없을 때까지 덜어내어 계산하는 거야.

다음과 같이 각각 다섯 개씩을 묶고 남은 것끼리 다시 다섯 개씩 묶으면 모두 아홉 묶음이 생기고 나머지는 4가 돼.

한꺼번에 계산하지 않아도 같은 결과가 나온다는 것이 신기하네요. 그런데 아빠, 솔직히 말해서 이 방법이 더 편리한지는 잘 모르겠어요.

하하하. 수학은 여러 가지 방법을 알고 있으면서 원리까지 꿰고 있을 때 강력한 힘을 발휘하는 거야. 나눗셈에 대해 한 가지 더 살펴보자. 이번에는 부족이라는 개념에 대해 알아볼까?

알파 행성의 우주인은 나눗셈을 할 때 나머지 대신 '부족'이라는 개념을 사용합니다. 식으로 나타낼 때는 →표시를 사용하고 '부족'이라고 부릅니다.

$14 \div 3 = 5 \rightarrow 1$　　　　$27 \div 5 = 6 \rightarrow 3$　　　　$28 \div 7 = 4$

$19 \div 6 = 4 \rightarrow 5$　　　　$15 \div 2 = 8 \rightarrow 1$　　　　$36 \div 8 = 5 \rightarrow 4$

아빠는 참 엉뚱하세요. 우주인의 나눗셈이라니요. 우리가 하는 나눗셈보다 한 번을 더 나누는 거라 생각했는데 $28 \div 7 = 4$

를 보니 꼭 그렇지도 않네요. 한 번 더 나누는 거라면 몫이 5가 되어야 하잖아요.

이 나눗셈은 실생활에서 사용하는 나눗셈이야. 문제로도 나오는 것을 아빠가 재미있게 꾸민 것뿐이지. 규칙만 살피면 너처럼 생각할 수 있어. 하지만 '나머지'와 '부족'이라는 말의 뜻을 생각해 본다면 달라질 거야.

나눗셈에서 나머지란 나누어 떨어지고 남는 수를 말하지? 아까 배운 나눗셈의 두 번째 개념으로 보면 나누는 수로 더 이상 묶을 수 없는 수이기도 하고. 부족은 나누어 떨어지기 위해서 부족한 수를 말해. 14는 3을 네 번 빼면 2가 남고 다섯 번 빼려면 1이 부족하지. 27은 5를 다섯 번 빼면 2가 남고 여섯 번 빼려면 3이 부족해. 반면에 28÷7은 나누어 떨어지기 때문에 남지도 부족하지도 않아. 그래서 나머지와 부족이 모두 0이 되는 거지.

필통마다 묶음의 나머지를 구하는 방법과 부족의 개념을 함께 사용하면 나머지를 간단하게 구할 수 있어. 다음 식을 5로 나눈 나머지를 구해 보자.

$$46 + 68 + 31 + 17 + 54$$
$$1 \quad -2 \quad 1 \quad 2 \quad -1$$

-2는 2가 부족한 수라는 뜻으로 편의상 부족을 -로 표시했어. 즉 5로 나누면 각각 나머지 1, 부족 2, 나머지 1, 나머지 2, 부족 1 이고, 부족한 수와 남는 수를 서로 지워주면 전체를 5로 나눈 나머지는 1이라는 것을 간편하게 알 수 있어.

이런 방식의 나눗셈과 나머지의 이해는 『초등 사고력 수학의 전략』에 나오는 배수 판별법 중에서 3의 배수 판별법, 9의 배수 판별법, 11의 배수 판별법과 특별한 검산 방법인 구거법을 이해하는 데 큰 도움이 되지.

다음 문제를 풀어 봐.

아래 식의 값을 7로 나누었을 때 나머지를 구하시오.

(7의 배수보다 4 큰 수) + (7의 배수보다 5 큰 수)
+ (7의 배수보다 1 작은 수)

풀이는 정답 111쪽을 참고하세요.

03

이집트인들의 분배 방식

정수네 모둠은 모두 네 명이야. 오늘은 현장 체험 학습을 가기로 한 날인데 정수가 빵을 준비해 오기로 했지.

"정수야, 간식 먹는 시간이래. 빵 먹자!"

"알았어. 앗! 빵이 세 개밖에 없네. 이상하다. 분명히 네 개를 가방에 넣어 뒀던 것 같은데... 동생이 몰래 하나를 가져갔나? 얘들아, 너희 먼저 먹어. 내 실수니까 나는 안 먹어도 돼."

"무슨 소리야! 우리는 친구잖아. 콩 한 알도 나눠 먹는다는 말도 있잖아. 넷이서 똑같이 나눠 먹으면 되지."

"그런데 빵 세 개를 어떻게 네 명이서 나눠 먹지?"

어떻게 해야 네 사람이 빵 세 개를 나눠 먹을 수 있을까?

 그거야 뭐 쉽죠. 빵을 각각 4등분한 후 세 조각씩 먹으면 되잖아요. 한 사람이 먹는 양은 $\frac{3}{4}$이 되겠네요.

 맞는 방법이긴 한데 세 개의 빵을 작은 조각 열두 개로 잘라야 하고, 각자 작은 조각의 빵을 여러 개 가져야 하기 때문에 썩 좋은 방법은 아닌 것 같아. 더 좋은 방법이 없을까?

 그럼 그림과 같이 4등분을 하지 않고 한 개의 빵에서 4로 나눈 한 조각만 떼어 내어서 한 사람이 먹고, 세 명은 떼어 내고 남은 세 개의 조각을 하나씩 먹으면 되죠.

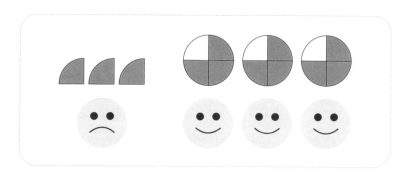

 한 명만 조각난 빵을 먹어야 하는 것은 그다지 좋지 않은 방법 같은데? 공평하게 나누면서 가능한 큰 조각으로 잘라 나누

는 방법이 있단다. 빵을 가장 크게 똑같이 나누는 방법은 2등분 하는 것이지? 그러니 빵 두 개를 2등분 하면 4조각이 되니까 이 것을 한 개씩 나누어 먹고, 남은 한 개의 빵만 네 명이 나누어 먹 으면 되잖아. 이렇게 하면 한 사람이 먹는 양은 $\frac{1}{2} + \frac{1}{4}$ 로 나타낼 수 있단다. 모든 분수는 이렇게 분자가 1인 분수의 합으로 나타낼 수 있어. 이걸 '이집트인들의 분배 방식'이라고 한단다.

고대 이집트에 분수를 사용한 흔적이 있어. 아래 그림과 같이 고대 이집트의 분수는 $\frac{2}{3}$ 를 제외하고는 분자가 1인 분수를 사용 했다고 해. $\frac{2}{3}$ 만 분자가 2이고 모양도 규칙을 따르지 않았지.

〇 |||	〇 ‖ ‖	〇 ||| ‖	〇 ||| |||	〇 |||| |||	〇 |||| ||||	〇 ||||| ||||	〇 ⌒	⌐	〇 ‖
$\frac{1}{3}$	$\frac{1}{4}$	$\frac{1}{5}$	$\frac{1}{6}$	$\frac{1}{7}$	$\frac{1}{8}$	$\frac{1}{9}$	$\frac{1}{10}$	$\frac{1}{2}$	$\frac{2}{3}$

아! 왜 이집트인들이 분자가 1인 분수를 사용했는지 알 것 같아요. 빵을 사람들에게 똑같이 나누어 주기 위해서 고민하다가 분수의 개념을 사용하게 된 것이네요.

고대 이집트의 분배 방식

고대 이집트의 분수는 빵을 나누어 주는 방법에서 출발했다고 합니다. 이것을 '고대 이집트의 분배 방식'이라고 합니다. 이 방법은 가장 합리적으로 빵을 나누는 방식으로 먼저 최대한 크게 빵을 잘라 나누어 가진 다음 남은 것을 다시 똑같이 나누어 가지는 것입니다.

$$\frac{2}{5} = \frac{1}{3} + \frac{1}{15}$$

$\frac{2}{5}$ 는 두 개의 빵을 다섯 명이 나누어 먹는 방법입니다. 일단 두 개의 빵을 3등분 해서 다섯 명이 한 조각씩 먹은 후 남은 한 조각을 다시 5등분하여 나누어 먹어야 합니다. 이것은 $\frac{1}{3} + \frac{1}{15}$ 로 나타낼 수 있습니다.

$\frac{3}{5}$ 은 세 개의 빵을 다섯 명이 나누어 먹어야 하니까 세 개의 빵을 2등분 해서 한 조각씩 먹은 후 남은 한 조각을 다시 5등분하여 나누어 먹어야 합니다. $\frac{1}{2} + \frac{1}{10}$ 로 나타낼 수 있습니다.

$$\frac{3}{5} = \frac{1}{2} + \frac{1}{10}$$

재미있는 분배 방식

재미있는 빵의 분배 방식에 대해 한 가지 더 알아보겠습니다.

항상 먹을 것으로 싸우는 형제가 있었습니다. 어느 날 두 사람은 빵 하나를 두고 서로 자기가 빵을 공평하게 자를 수 있다며 싸웠습니다.

어떻게 하면 좋을까요?

이 모습을 보고 한참 고민하던 엄마는 솔로몬의 지혜에 버금가는 현명한 방법을 생각해냅니다.

"그럼 둘 중 한 사람이 빵을 자르고 대신 자르지 않은 사람이 자기 조각을 먼저 고르도록 해. 누가 자를 거야?"

그러자 두 사람 중 어느 누구도 자기가 빵을 자르겠다고 나서지 않았습니다.

엄마가 말했습니다.

"형이 빵을 자르고 동생이 먼저 고를까? 어때, 이제 공평하지?"

 분수의 의미를 아는 대로 말해 볼래?

 분수는 1을 여러 개로 나눈 것 중에서 몇 개를 차지하는지를 나타내는 수예요.

그래, 어떤 도형을 몇 등분하여 그중 몇 개인지를 나타내는 분수를 먼저 배웠지?

이 외에도 분수 $\dfrac{\unicode{x1F7E2}}{\unicode{x24C1}}$ 은 다음과 같은 의미가 있단다.

⇒ **전체를 ⓛ개로 나눈 것 중 ㉠개**

⇒ **비율로서 ⓛ에 대한 ㉠의 양**

⇒ **㉠을 ⓛ 등분한 양(나눗셈과 유사)**

비율을 제외하고는 나눈다는 말이 거의 다 들어가 있지.

㉠÷ⓛ$=\dfrac{\unicode{x1F7E2}}{\unicode{x24C1}}$을 분수의 기본으로 하여 위의 의미들을 알고 있으면 돼.

➤➤ 분수 分數 ◄◄

한자의 의미를 풀어 보면 나눌 분 分 자에 셀 수 數 자이니까 수를 나눈 값이라는 뜻입니다. 단어의 뜻은 나눗셈과 유사해 보이지만 나눗셈과는 좀 다릅니다.

나눗셈은 '㉠에서 ⓛ을 몇 번 덜어 낼 수 있는가'와 '㉠을 ⓛ개로 똑같이 나누었을 때의 양'을 나타내고, 분수는 앞에서 알아본 것과 같이 여러 가지 의미로 사용되고 있습니다.

분수의 개념을 정확히 알면 중학생들도 어려워하는 분수 속의 분수 문제도 해결할 수 있단다. 오른쪽 분수는 '분수 속의 분수'라고 해서 번분수라고 해.

$$\frac{\frac{1}{2}}{\frac{1}{4}}$$

이 분수는 분자에 $\frac{1}{2}$이 분모에 $\frac{1}{4}$이 있는 분수야. 분자와 분모가 모두 분수로 되어 있지. 뭐 이렇게 생긴 분수가 있냐고?

분수의 개념만 제대로 알고 있다면 복잡한 번분수를 간단하게 바꿀 수 있어.

분수는 분자를 분모로 나눈 값을 나타내니까 $\frac{1}{2} \div \frac{1}{4}$로 생각할 수 있잖아. 그림을 떠올리면 쉽게 알 수 있지만 $\frac{1}{2}$은 전체의 절반을 나타내고 $\frac{1}{4}$은 전체를 4개로 나눈 것 중 1개를 나타내기 때문에 나눗셈의 개념을 생각하여 $\frac{1}{2}$에서 $\frac{1}{4}$을 거듭하여 빼면 두 번을 뺄 수 있어. 그래서 위의 번분수는 결국 2와 같은 값이야.

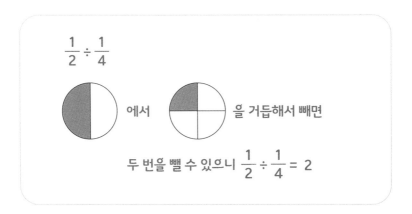

$$\frac{1}{2} \div \frac{1}{4}$$

에서 ⬜ 을 거듭해서 빼면

두 번을 뺄 수 있으니 $\frac{1}{2} \div \frac{1}{4} = 2$

올림, 버림, 반올림은
왜 하나요?

세 친구가 있었어. 친구들의 이름은 올림이, 버림이, 반올림이야.

선생님이 이런 질문을 하셨어.

"여기 2719원이 있어요. 이 돈을 어림하여 나타내면 얼마라고 할 수 있을까요?"

올림이가 대답했어.

"2800원이에요. 가게에서 2719원어치 과자를 사면 2800원은 내야 한다구요. 요즘은 10원짜리 보기가 힘들어요."

버림이는 이렇게 대답했어.

2700원이에요. 엄마 저금통에는 옛날 1원짜리 동전도 들어 있어요. 이 저금통을 깨서 동전이 2719원어치 나온 걸 용돈으로 사용하라고 하셔도 전 2700원만 가지고 19원은 엄마한테 돌려드릴 거예요. 19원은 필요하지도 않고 준다고 해도 귀찮아요."

반올림이도 대답했지.

"저도 2700원이요. 올림이랑 버림이 말처럼 10원짜리는 요즘 잘 사용하지 않잖아요. 100원짜리를 기준으로 가장 가까운 금액이 2700원이에요."

그러자 선생님이 다시 물어 보셨어.

"그럼 2791원이라면 어림으로 얼마라고 할 수 있나요?"

올림이의 대답은 변하지 않았어.

"마찬가지로 2800원이죠."

버림이도 마찬가지였지.

"2700원이죠. 10원짜리랑 1원짜리는 쓸 데도 없는데 그걸 주머니에 넣고 다닌다고 생각하면 끔찍하다고요."

반올림이는 생각이 바뀌었어.

"이건 2800원이라고 할 수 있겠네요. 100원짜리를 기준으로 생각하면 2800원에 가장 가깝잖아요."

초등학교 5학년 2학기 교과서에서 수의 범위를 배울 때 올림, 버림, 반올림으로 수를 어림하는 방법을 배워. 간략하게 올림, 버림, 반올림을 왜 배우는지 알아볼까?

수학은 추상적인 학문이지만 우리 생활에서 실제로 일어나는 일과 밀접하게 관련이 있는 학문이기도 해. 수의 어림 방법 세 가지도 마찬가지지. 가끔 문장제 문제 중에서 어림에 대한 개념이 필요한 경우도 있고, 과학 문제 중에서는 초등학교뿐 아니라 중학교, 고등학교, 대학교에 가서도 어림을 할 줄 알아야 답을 쓸 수 있는 경우도 많아.

교과서에서 설명하는 올림의 개념은 아래와 같아.

> 204를 십의 자리까지 나타내기 위하여 일의 자리 숫자 4를 10으로 보고 210으로 나타낼 수 있습니다. 이와 같이 구하려는 자리 아래의 수를 올려서 나타내는 방법을 '올림'이라고 합니다.
> 204는 십의 자리 아래를 올림하면 210, 백의 자리 아래를 올림하면 300이 됩니다.

자, 그럼 일상생활 속에서 올림은 어떨 때 사용할까?

실제 수는 384인데 이것을 십의 자리까지 올림하여 나타내면 390이지. 실제 수보다 큰 수로 표현할 필요가 있을 경우에 이렇게 나타내곤 해. 물건을 상자에 담을 때 필요한 상자의 수를 구한다거나 물건을 살 때 준비해야 하는 돈의 액수 등을 나타낼 때 올림을 사용하지.

가게에서 과자를 이것저것 골랐더니 총 가격이 1570원이 나왔어. 그런데 주머니에는 1000원짜리와 100원짜리밖에 없어. 거스름돈을 가장 적게 받기 위해서는 얼마를 내야 할까?

 1600원을 내야 해요. 내가 가지고 있는 돈이 100원짜리랑 1000원짜리이니까 사야 하는 물건의 금액을 100원에 맞추어서 올릴 필요가 있는 경우네요.

그렇지. 문제에서 올림을 하라는 말이 없더라도 이렇게 올림의 개념이 사용되는 경우도 있단다. 또 다른 예를 들어 볼까? 사과가 243개 있는데 스무 개씩 담을 수 있는 박스에 사과를 모두 담으려고 한다면 사과 박스는 적어도 몇 개가 필요할까?

열세 개가 필요하죠. 스무 개씩 열 박스면 200개를 담을 수 있고, 남은 43개를 담으려면 스무 개씩 두 박스에 채워서 담고, 남은 세 개를 또 한 박스에 담아야 해요.

중요한 건 스무 개씩 담은 뒤 단 한 개가 남더라도 박스는 한 개가 더 필요하다는 거야. 문제에 '적어도'나 '최소한'과 같은 말이 나올 때 올림을 하여 답을 구해야 하는 경우가 많아. 만약 1001을 백의 자리로 올림하면 얼마가 될까?

1100이죠. 귤 1001개를 100개가 들어가는 상자에 담으려고 하면 열 개의 상자에 1000개를 담고 한 개가 남으니 열한 개의 상자가 필요하다는 말이잖아요.

잘 이해했구나. 이번에는 버림에 대해 알아볼까? 올림과 비슷하니까 그리 어렵지 않을 거야.

교과서에서 설명하는 버림의 개념을 살펴보자.

23540원을 백의 자리까지 나타내기 위해서 백의 자리 아래 수인 40을 0으로 보고 23500으로 나타낼 수 있습니다. 이와 같이 구하려는 자리 아래의 수를 버려서 나타내는 방법을 '버림'이라고 합니다.
23540은 백의 자리 아래를 버림하면 23500, 천의 자리 아래를 버림하면 23000이 됩니다

버림도 올림과 비슷하게 돈의 액수나 필요한 상자의 수 등을 구

할 때 유용하게 쓰일 수 있어. 실제 수보다 작은 수로 특정 자리를 표현할 필요가 있을 때 사용하곤 하지.

459cm의 나무 막대가 있다고 하자. 100cm 길이의 나무 말뚝을 만드는 경우와 10cm 길이의 나무 말뚝을 만드는 경우에 459cm의 나무 막대에서 사용할 수 있는 길이는 각각 얼마일까?

그야 400cm와 450cm죠. 나무 말뚝의 길이가 100cm인 경우에는 100cm씩 네 개를 잘라낸 뒤 나머지 59cm는 버려야 해요. 나무 말뚝의 길이가 10cm인 경우에는 10cm씩 45개를 잘라낸 뒤 나머지 9cm를 버려야 하고요. 무슨 말씀인지 알겠어요. 버림의 경우도 10cm나 100cm처럼 기준 단위를 못 채우면 모두 버린다는 거죠?

잘 이해했구나. 이번에는 반올림의 개념에 대해서 나와 있는 교과서의 설명글을 볼까?

구하려고 하는 바로 아랫자리의 숫자가 0, 1, 2, 3, 4이면 버리고 5, 6, 7, 8, 9이면 올리는 방법을 '반올림'이라고 합니다.

2873을 일의 자리에서 반올림하면 2870, 십의 자리에서 반올림하면 2900이 됩니다.

올림이나 버림은 특별한 상황에서 사용하는 어림이라고 할 수 있고 반올림은 우리가 생각하는 일반적인 어림으로 생각하면 돼.

예를 들어 보자. 2120원이 있다고 할 때 얼마가 있냐고 물어 본다면 뭐라고 대답하겠니? 10원짜리는 고려하지 않고 어림하여 대답한다면 2100원이 있다고 대답할 거야. 또 2190원이 있는 경우라면 하면 약 2200원이 있다고 대답할 수 있겠지. 이처럼 반올림은 근사치를 말해. 2150원을 가지고 있다면 2200원과도 50원이 차이 나고 2100원과도 50원이 차이 나잖아? 이때는 올림을 적용하기로 약속했어.

무슨 말인지 알겠어요. 올림과 버림은 나타내려고 하는 자리의 아래 수를 무조건 올리거나 내리는 것이고, 반올림은 더 가까운 값으로 나타내는 것이죠? 중간값일 때에는 올리면 되는 거고요.

반올림은 수학이나 과학뿐만 아니라 실생활에서 많이 쓰이고 있어. 자를 보면 눈금이 1mm까지 나와 있지? 그런데 정확히 길이가 mm 단위까지 일치하는 물건은 없을지도 몰라. mm 단위를 쪼개고 쪼개고 또 쪼개면 0.0000000000000001mm라도 일치하지 않을 수 있으니까 말이야.

아빠는 가끔 보면 좀 삐뚤어지신 것 같아요.

 아니야, 단지 의심이 좀 많을 뿐. 우리 딸 몸무게가 얼마나 되니?

 숙녀의 몸무게를…….

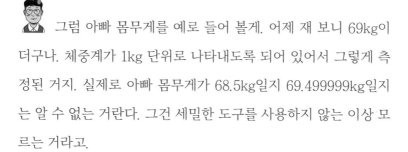 그럼 아빠 몸무게를 예로 들어 볼게. 어제 재 보니 69kg이 더구나. 체중계가 1kg 단위로 나타내도록 되어 있어서 그렇게 측정된 거지. 실제로 아빠 몸무게가 68.5kg일지 69.499999kg일지는 알 수 없는 거란다. 그건 세밀한 도구를 사용하지 않는 이상 모르는 거라고.

05

80일 = 81일?

 혹시 『80일간의 세계 일주』라는 책을 읽어 봤니? 아빠가
이 책의 줄거리를 들려줄게.

영국에 살던 필리어스 포그 씨는 친구들과 내기를 해. 80일 동
안 지구를 한 바퀴 돌아 세계 일주를 할 수 있다는 데 전 재산을
건 거야. 포그 씨는 이걸 증명하기 위해 하인과 단둘이 세계 일주
를 떠난단다.

아쉽게도 포그 씨는 81일이 지나서야 지구를 한 바퀴 돌아 친구
들과 만나기로 약속한 장소에 나타나게 돼. 그런데 영국의 날짜는
포그 씨가 떠난 날로부터 80일이 지난 날이었단다.

 아니, 어떻게 그럴 수가 있죠? 영국에 살던 사람들은 80일을 살았고 같은 시간 동안 주인공은 81일을 산 건가요? 공상과학 소설이라서 실제로 있어날 수 없는 일을 상상하여 쓴 건가요? 타임머신처럼?

 하하하. 아니야. 만일 초음속 제트기를 타고 해가 뜨는 동쪽으로 떠나 한 시간 만에 제자리로 돌아온다면 지구를 도는 데 얼마나 걸린 거지?

 한 시간이 걸린 거죠.

 제트기를 타고 가는 동안 해가 한 번 뜨고 지는 것을 보았을 텐데 하루하고 한 시간이 더 걸린 것은 아니고?

 네?

 다음 그림을 보렴. 제트기를 타고 아침 9시에 출발했다고 가정하자. 동쪽으로 날아가면 금방 해가 하늘 높이 떴다가 서쪽으로 지는 것을 보게 될 거야. 밤이 되었다가 다음 날 아침 10시에 출발한 위치로 돌아오는 것처럼 느껴지지 않겠니?

아, 그렇구나! 제트기는 지구가 도는 속도보다 빠르게 움직이니까 아침 9시에 동쪽으로 출발해서 현재 시각이 10시, 11시, 12시인 지역의 하늘을 날아 저녁과 밤인 지역을 차례로 지나서 처음 출발 지점에 도착한 거군요. 실제로는 한 시간이 지났지만 비행기에서는 해가 한 번 지고 다시 뜨는 것을 봤기 때문에 하루가 지난 것으로 착각할 수 있다는 말이네요.

그렇지. 『80일간의 세계 일주』에서 주인공은 제트기처럼 빠르게 움직인 것은 아니지만 동쪽으로 여행을 하면서 해가 뜨고 지는 것을 81번 보았으니 81일이 지난 것으로 생각한 거야. 실제로 여행한 시간은 80일 간이었고. 이 때문에 내기에서 이길 수 있었던 거지.

지금 이 순간에도 나라에 따라 지역에 따라 해가 떠 있는 위치는 다르게 보이겠지? 그 말은 곧 지역에 따라 시각이 다르다는 뜻이야. 그런데 모두 다 다른 시각을 사용하면 불편한 점이 많으니까 각 나라나 지역마다 기준이 되는 시각을 같이 사용하고 있어. 영국에 있는 그리니치 천문대를 기준으로 해서 동서로 지역의 위치에 따라 시각을 정하고 있단다. 또 우리나라는 동경시라고 해서 일본과 같은 기준의 시각을 사용하고 있지.

 아빠, 그럼 비행기를 타고 여행하는 사람들은 동쪽으로 가면 시각이 더 지나간 것처럼 시계를 돌려야 하고 서쪽으로 가면 시각이 덜 지나간 것처럼 시계를 돌려야 되겠네요?

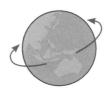

해가 나중에 뜨기 때문에 시간을 빼요.

해가 먼저 뜨기 때문에 시간을 더해요.

 맞는 말이기도 하고 틀린 말이기도 하구나. 동쪽은 해가 먼저 뜨는 곳이니 동쪽으로 갈수록 시간을 더해 줘야겠지? 하지만 우리나라에서 동쪽으로 비행기를 타고 가야 하는 미국은 되레 우리나라보다 시간이 더 느려요. 류현진이나 추신수 선수의 야구 중계를 한 번 보렴. 우리는 화요일 아침인데 미국은 월요일 저녁이라고 할 때가 있어.

 왜 그렇죠?

 호주 시드니와 미국 로스앤젤레스를 예로 들어 보자. 시드니에서 5월 5일 오전 7시에 서쪽 방향으로 로스앤젤레스로 이동한다고 하면 서쪽으로 갈수록 해가 더 늦게 뜨니까 17시간을 빼줘야 해. 로스앤젤레스는 5월 4일 오후 2시가 되는 거지.

그런데 시드니에서 동쪽 방향으로 이동한다고 생각하면 7시간을 더해 줘야 해. 그럼 5월 5일 오후 2시가 되지. 딱 하루 차이가 나는 거야.

그렇네요. 서쪽으로 시간을 계산할 때는 시간을 빼고 동쪽으로 계산할 때는 더하니까 하루가 차이 나 버리네요. 어떤 것이 맞는 거죠?

5월 4일 오후 2시가 맞아. 이와 같은 일이 없도록 하기 위해서 태평양 한가운데 날짜 변경선이라는 것을 만들어 두었단다. 시드니에서 동쪽 방향으로 이동해서 로스앤젤레스에 가려면 날짜 변경선을 지나게 되거든. 이때 동쪽으로 이동한 만큼 시간을 더하는 대신 날짜를 하루 빼기로 약속했어.

그럼 날짜 변경선을 사이에 두고 사는 사람들은 같은 낮 12시라도 하루 차이가 날 수 있겠네요?

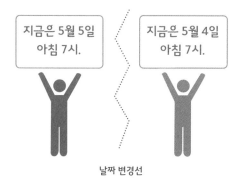

날짜 변경선

그럴 수 있지. 그래서 날짜 변경선을 사람이 적게 사는 태평양 한가운데로 정한 거란다. 그곳에도 사람이 사는 섬이 있기 때문에 날짜 변경선을 사이에 두고 가까이 살지 않도록 선을 삐뚤빼뚤 그렸단다.

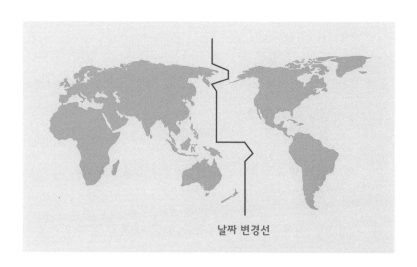

날짜 변경선

시차가 문제로 나오면 굉장히 복잡하겠어요. 생각할 것이 많네요.

걱정하지 않아도 돼. 원리와 규칙이 그렇다는 것이지 수학 문제로 시차가 나올 때 계산하는 방법은 의외로 생각보다 간단하니까.

파리가 5월 5일 오후 9시일 때 서울은 5월 6일 오전 4시야. 그렇다면 서울이 7월 10일 오후 8시일 때 파리는 몇 월 며칠 몇 시일까? 서울이 파리보다 시각이 빠르니까 서울의 날짜와 시각에서 파리의 날짜와 시각을 빼 보는 거야.

5월 6일 오전 4시 - 5월 5일 오후 9시 = 7시간

서울이 파리보다 일곱 시간 빠르다는 것을 알 수 있어. 이제 서울의 시각을 알고 있을 때 파리의 시각을 구하려면 서울의 시각에서 일곱 시간을 빼면 되겠지.

7월 10일 오후 8시 - 7시간 = 7월 10일 오후 1시

두 지역의 시차를 이용하여 시각을 구할 때에는 날짜와 시각이 빠른 곳의 시각에서 느린 곳의 시각을 빼서 먼저 차를 구한 다음에 조건으로 나온 시각에 차를 더하거나 빼면 돼.

06

원은 무엇인가요?

오랜만에 놀러 온 초등학교 1학년 사촌동생이 오빠에게 물었어.

"오빠, 원이 뭐야?"

"응? 동그라미."

"아! 나 문제 맞았을 때 엄마가 잘했다고 해 주는 ◯ 요 거?"

"아니, 더 동그랗게."

"더 동그랗게? ◯ 요렇게?"

"울퉁불퉁하면 안 되고 예쁘게."

"아! ⬭ 요렇게 예쁘게?"

"너 집에 언제 가니?"

"??????"

 우리 딸은 원이 뭔지 아니?

 아빠는 회사에 언제 가세요?

 쩝……. 사실 생활 속에서는 앞의 이야기 속의 아이가 그린 것을 모두 원이라고 부를 수도 있어. 하지만 수학에서 원은 정확한 뜻을 가지고 있단다. 사촌오빠가 그 뜻을 정확하게 모르니까 사촌동생의 질문에 확실한 대답은 못 해 주는 상황이네.

 저도 실이나 자를 이용하거나 컴퍼스를 가지고 원을 그려 보기는 했지만 원이 무엇이다라고 해야 할지는 정확하게 모르겠어요. 동그랗게 생겼으면서 반지름과 지름과 중심이 있는 것?

 반지름과 지름과 중심은 원의 요소이지. 직각과 변이 있는 것이라고 해서 다 직사각형이 되진 않지?

정의란 어떤 것에 대한 명백한 뜻이야. 누가 들어도 그것이라고 떠올릴 수 있는 것을 말해. 수학에서 정의는 매우 중요하단다. 초등학교 3학년까지 배우는 내용에는 정의가 거의 없고 4학년 교과부터 '정사각형은 네 변의 길이가 같고 네 각의 크기가 같은 사각형이다'라거나 앞에서 배운 '올림'이나 '버림', '반올림' 같은 정의가 나오기 시작한단다.

원은 초등학교 3학년 2학기에 배우기 때문인지 원이 무엇이라는 정의는 알려주지 않고 직접 원을 그려 보고 성질을 찾아보면서 원이 어떤 것인지 느껴 보는 내용으로 교과가 구성되어 있더구나. 정확한 정의는 나중에 배워도 된다는 것이지.

그럼 반지름과 지름, 중심 등 원에 대해 배운 내용 중에서 가장 핵심적인 원의 성질은 무엇인가요?

아빠가 그 질문을 하려고 했는데 먼저 가로챘구나. 원의 정의는 '한 점에서 거리가 같은 점들을 모아 놓은 선 그림'이라고 표현할 수 있단다. 정확한 정의는 '한 점에서 거리가 같은 점들의 모임'이란다. 모임이라고 하니까 좀 이상하지? 이 부분에 대해서는 중학교 과정에서 배우도록 하고 그런 점들을 모아 놓은 선 그림 정도로 해 두자.

원의 중심에서 어느 곳에 반지름을 그려도 길이가 같다는 것이 원의 가장 중요한 성질이구나.

그렇지. 그래서 컴퍼스로 원을 그릴 수 있는 거란다. 컴퍼스는 같은 거리를 나타낼 수 있는 도구이거든. 컴퍼스로 그릴 수 있는 대표적인 것이 바로 원이지. 그래서 원과 관련된 문제가 나올 경우에는 반지름의 길이가 모두 같다는 것을 이용해서 해결하는 경우가 아주 많아.

원 이야기를 하는 김에 각도 이야기를 해 볼까? 원 한 바퀴가 몇 도지?

 360°지요.

 한 바퀴가 360°인지는 어떻게 알고 있니?

 직각이 90°잖아요. 직각 네 개를 붙이면 한 바퀴이니까 360° 아닌가요?

 직각이 생활 속에서 흔히 볼 수 있고 가장 먼저 배우는 각이기는 하지. 하지만 직각을 가지고 360°를 설명하는 것은 뭔가 조금 부족하단다. 각도가 정해진 데에는 다 이유가 있거든.

옛날 사람들은 달의 움직임을 관찰하여 날짜를 계산했어. 한 달을 30일, 1년을 열두 달이라고 생각했어. 말하자면 다음 해 1월 1일이 360일 후에 온다고 생각한 거야. 그래서 360°를 원 한 바퀴로 정했단다.

각도뿐만이 아니야. 1년이 열두 달이라는 사실 때문에 옛날 사람들은 12진법도 사용했단다. 12진법이란 12가 모이면 자릿수를 올려 주는 것을 말해. 열두 달이 지나면 1년이 지나가는 것처럼 말이지. 미국에서 사용하는 거리의 단위 중에서 12인치(inch)는 1피트(feet)와 같아.

12라는 수가 널리 사용된 것과 360°가 한 바퀴의 크기로 정해질 수 있었던 데에는 수학적인 이유가 한 가지 더 있단다. 12는 굉장히 신비한 수이기도 하거든. 2로도 나눌 수 있고 3으로도 나눌 수 있고 4나 6으로도 나눌 수 있는 수야. 수의 크기에 비해서 나눌 수 있는 수가 많단다. 그래서 수학적으로 12를 신비하게 여겼고 널리 사용한 거야.

360은 12의 배수이기 때문에 여러 가지 수로 나눌 수가 있어. 각을 표현하기 좋은 수지. 한 바퀴를 360°라고 정하면서 이것을 네 개로 나눈 것이 90°가 되고 다시 그것을 2나 3, 5, 6으로 더 나눌 수도 있어. 이것이 바로 한 바퀴를 360°로 정할 수 있었던 이유야.

지구가 공전하는 것 때문에 한 바퀴를 360°로 정했는데 마침 360이라는 수가 아주 많은 수로 나누어지는 수였다는 거네요. 각도가 정해진 데에도 이유가 있다니 참 재미있어요.

말을 탄 기사의 대결

아주 옛날 외국을 배경으로 한 영화의 한 장면이야.

"왕이시여, 올해 가장 뛰어난 기사를 뽑는 시합에는 다섯 명의 기사가 출전하기로 하였습니다."

"그래, 첫 번째 시합을 열도록 하여라."

말을 탄 기사 두 명이 큰 창을 들고 서로를 향해 달려가다가 둘이 엇갈리는 순간 한 명의 기사가 말에서 떨어졌어.

"두 기사가 모두 용감히 싸웠다. 하지만 승리한 기사의 실력이 매우 뛰어나구나. 패배한 기사는 어떻게 되었느냐?"

"창에 다리를 찔렸고 말에서 떨어지면서 크게 다쳤지만 목숨은 건졌다고 합니다."

아빠, 저는 이런 영화 싫어해요. 너무 잔인하잖아요. 옛날 사람들은 왜 그렇게 잔인했나 몰라요.

그러게 말이다. 그런데 이 영화에 나오는 방식으로 1등 기사를 가리는 것이 스포츠에서 어떤 경기 방식의 유래가 되었는지 알고 있니?

글쎄요, 스포츠 경기 방식이라면 리그 방식과 토너먼트 방식이 있다는 정도만 들어봤어요.

바로 토너먼트 방식이란다. 기사들이 말을 타고 서로를 향해 달려가다가 말에서 떨어지는 사람이 지는 경기이기 때문에 사람이 크게 다치거나 죽기도 했어. 지는 사람은 다시 경기에 나설 수가 없었지. 이런 경기를 리그 방식으로 진행할 수는 없었겠지?

그렇게 한 번씩 차례로 겨루다 보면 살아남는 사람이 없을 것 같아요.

그런데 혹시 토너먼트 방식의 경기 수를 구하는 법을 알고 있니? 영화에서와 같이 다섯 명의 기사 중에서 1등을 가리려면 모두 몇 경기를 해야 할까?

네 경기죠. 어떤 방식으로 대진표를 짜 보아도 모두 네 경기가 되는걸요. 이렇게 한 번 써 볼게요.

 100명의 기사가 나선다면 몇 번 경기를 해야 할까?

 음……. 구십구 경기네요. 선수의 수를 바꾸어가며 확인해 보니까 선수의 수에서 1을 뺀 것이 경기의 수가 되는 것 같은데요?

 이유를 설명해 볼래?

 여러 가지 방법으로 일일이 다 해 보았기 때문에 분명해요. 선수의 수 – 1.

 그렇게 여러 가지 경우를 다 따져 보고 결론을 내는 것도 훌륭한 방법이야. 하지만 그렇게 하다가는 예외적인 경우에 뒤통

수를 맞을 수도 있단다. 단 한 가지의 경우라도 연관된 개념이나 원리를 이용해서 결론을 낸다면 그럴 걱정이 없어.

토너먼트를 공부할 때 말을 탄 기사들의 대결을 예로 든 데에는 이유가 있어. 토너먼트의 경기 수가 선수의 수에서 1을 뺀 것과 같은 이유를 알 수 있거든.

기사들은 대결에서 패배한 뒤 다시 경기에 나설 수 없다고 했지? 그렇기 때문에 경기에서 이긴 기사는 다른 이긴 기사나 경기를 처음 하는 기사와 다시 경기를 하게 되지만 진 기사는 한 번의 대결로 끝. 자, 1등을 가렸다고 하자. 한 번이라도 진 사람은 모두 몇 명일까?

 1등을 한 기사를 빼고는 모두 한 번씩 졌겠죠.

 한 경기에 몇 명이 지지?

 한 경기에서는 한 명이 반드시 패배를 하죠. 아 알았다! 1등은 마지막 경기까지 모두 이기고 나머지는 한 번의 경기에서 모두 지니까 경기의 수는 한 번이라도 진 사람의 수와 같네요. 그러니까 선수의 수에서 1을 빼면 몇 경기를 해야 하는지 알 수 있는 거고요.

제대로 이해했구나. 그럼 리그 방식의 경기 수를 구하는 방법은 알고 있니?

다섯 명이 리그 방식으로 경기를 하면 그림을 그려서 한 명씩 차례로 중복이 없도록 연결하고 경기 수를 모두 더하면 돼요. 다섯 명이 리그 방식으로 경기를 하는 경우를 그려 볼게요.

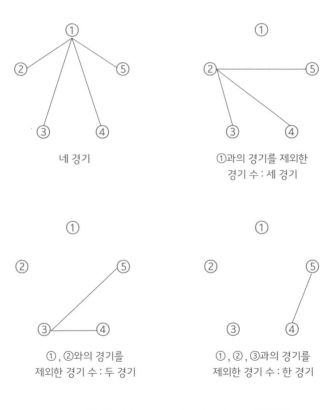

네 경기

①과의 경기를 제외한
경기 수 : 세 경기

①, ②와의 경기를
제외한 경기 수 : 두 경기

①, ②, ③과의 경기를
제외한 경기 수 : 한 경기

총 경기수 = 4 + 3 + 2 + 1 = 10(경기)

잘 알고 있구나. 악수하기, 점을 이어 선 그리기와 같은 원리라는 것도 알고 있지? 좀더 편리하게 생각할 수 있는 방법이 따로 있기는 하지만 이 정도로 하고 나머지는 『초등 사고력 수학의 전략』 편에서 공부하기로 하자.

신기한 패러티 논리

 탐험가 존은 보물이 숨겨져 있는 지도를 발견했어. 오른쪽 그림이 존이 손에 넣은 보물 지도야. 화살표는 입구를, ★은 보물이 있는 위치를 표시하고 있지.

이 입구로 들어가면 보물을 얻을 수 있을까?

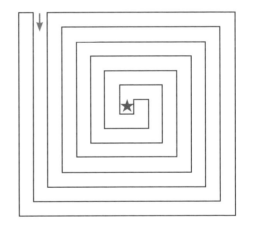

화살표를 따라가면 ★에 도착하니까 보물을 얻을 수 있겠죠.

화살표를 따라가지 않아도 답을 알 수 있는 방법이 있어. 오른쪽 그림처럼 화살표에서 ★까지 선을 그리고 이 선이 미로의 벽을 몇 개 지나는지 세어 봐. 6번 지나지? 6은 짝수니까 화살표를 따라가면 별에 도착할 수 있어.

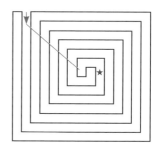

 만나는 선이 짝수이면 목적지에 도착할 수 있다고요? 어떻게 그럴 수 있어요?

 오른쪽 그림을 볼래? 두 개의 별이 서로 다른 공간에 있으니 색칠된 공간과 색칠되지 않은 공간은 서로 통할 수 없는 공간이지? 그림과 같이 선을 그려 봐. 그럼 미로의 벽을 한 개 지

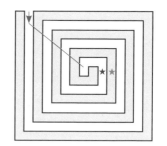

나면 색칠된 공간, 두 개 지나면 색칠되지 않은 공간, 세 개 지나면 색칠된 공간에 닿잖아. 한 개 지날 때마다 공간이 바뀌지. 그러니까 홀수 개의 벽을 지나면 색칠된 공간, 짝수 개의 벽을 지나면 색칠되지 않은 공간에 닿는다는 거야.

직접 화살표를 따라가며 그려 보면 될 것을……. 답을 구하는 데 시간 차이도 얼마 나지 않는걸요?

 하하, 물론 그렇지. 하지만 이런 원리를 알고 있다면 다른 문제를 해결할 수 있는 눈을 가질 수 있어. 상황을 바꾸어 보자.

아래의 왼쪽과 같은 미로 지도가 있어. 오른쪽 그림은 이 지도를 확대한 그림이지. 오른쪽 그림의 ㉠에 사람이 있는데 보물이 있는 ☆에 갈 수 있을까?

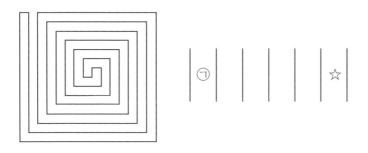

 갈 수 없네요. 미로의 어느 부분인지는 알 수 없지만 직선으로 연결할 때 벽이 다섯 개 있으니까 서로 다른 공간이잖아요. 문제가 이런 형태로 나온다면 아빠 말씀처럼 벽을 하나 지날 때 다른 공간이 된다는 점을 모른다면 답을 구할 수 없겠어요.

 이렇게 홀수, 짝수의 성질에 따른 논리를 패러티라고 해.

우선 홀수와 짝수의 기본적인 성질을 알고 있는지 확인해 볼까?

홀수와 짝수의 성질

홀수와 짝수는 사칙연산과 관계 있는 규칙을 가지고 있습니다. 아래 빈칸에 홀수 또는 짝수를 넣어 보세요

(홀수) + (홀수) = ☐   (홀수) + (홀수) + (홀수) = ☐

(짝수) + (짝수) = ☐   (짝수) + (짝수) + (짝수) = ☐

(홀수) + (짝수) = ☐

(홀수) + (짝수) + (홀수) = ☐   (짝수) + (홀수) + (짝수) = ☐

(홀수) × (홀수) = ☐   (짝수) × (짝수) = ☐

(짝수) × (홀수) = ☐

정답은 111쪽을 참고하세요.

수학 문제를 풀다 보면 홀수, 짝수를 많이 다루게 되지? 그런 종류의 문제를 하나 예로 들어 볼까? 자연수 중에서 160이 몇 번째 짝수인지 알고 있니?

아빠, 지금 딸을 뭘로 보시는 거에요. 홀수면 몰라도 짝수는 쉽죠. 160은 80번째 짝수예요.

맞아. 그런데 왜 짝수는 쉽고 홀수는 어렵다고 생각해? 어차피 짝수와 홀수는 한 쌍의 파트너야. 짝수가 쉬우면 홀수도 쉬워야 하는 것 아닐까?

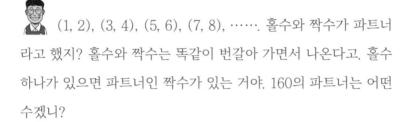 아빠, 인생이 그렇게 만만치는 않아요.

 (1, 2), (3, 4), (5, 6), (7, 8), ……. 홀수와 짝수가 파트너라고 했지? 홀수와 짝수는 똑같이 번갈아 가면서 나온다고. 홀수 하나가 있으면 파트너인 짝수가 있는 거야. 160의 파트너는 어떤 수겠니?

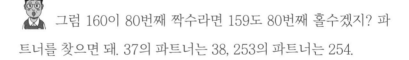 159이겠지요.

 그럼 160이 80번째 짝수라면 159도 80번째 홀수겠지? 파트너를 찾으면 돼. 37의 파트너는 38, 253의 파트너는 254.

 아! 37과 38은 각각 19번째 홀수와 짝수, 253과 254는 각각 127번째 홀수와 짝수.

 그렇지. 이제 이런 문제도 풀 수 있을 거야.

여러 수의 합과 곱의 패러티

다음을 계산하지 않고 빈칸에 올 수가 짝수인지 홀수인지
맞혀 보세요.

$1 + 2 + 3 + \ldots + 49 =$ ☐

$1 + 2 + 3 + \ldots + 99 =$ ☐

$1 \times 2 \times 3 \times \ldots \times 99 =$ ☐

정답은 112쪽을 참고하세요.

 패러티는 우리 주위에서 많이 찾아볼 수 있어. 체스나 장기
게임에서도 패러티의 논리를 찾아볼 수 있단다.

장기의 말 중에서 마馬는 한 번 움직일 때
직선으로 한 칸 간 후 대각선 방향으로 한
칸을 가는 것을 규칙으로 하고 있어. 오른
쪽 그림은 마馬가 한 번에 갈 수 있는 위치
를 모두 나타낸 것이야.

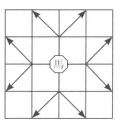

오른쪽 그림에서 마馬가 네 번 움직여서
㉠의 위치에 가려면 어떻게 해야 하는지 방
법을 찾아볼까?

만약 갈 수 없다면 그 이유도 설명해 봐.

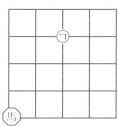

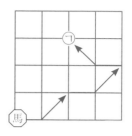

　오른쪽 그림과 같이 세 번에 걸쳐 가는 방법은 찾았어요. 그런데 아무리 움직여 봐도 네 번에 걸쳐 가는 방법은 모르겠는걸요. 왜 그런지도 설명하기가 어려워요.

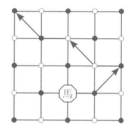

　오른쪽 장기판에 이웃한 자리끼리 서로 다른 색깔이 되도록 그림을 그려 보았어. 그중 한 자리에 마馬가 있다고 생각하고 마馬를 움직여 보렴. 자리의 색깔이 어떻게 되니?

　색깔이 바뀌네요. 마馬가 움직일 때마다 색깔이 바뀐다는 말이구나. 아빠가 물어본 질문에 똑같이 적용해 볼게요. ㉠의 자리에 흰색 ○가 들어가면 마馬가 있는 자리에 ●가 들어가니까 반드시 홀수 번을 움직여야 ㉠에 갈 수 있겠네요.

　그렇지. 이 문제처럼 도형에서 이웃한 칸을 서로 다른 색으로 나타내 보면 설명할 수 있는 것들이 많단다.

　정사각형 두 개를 붙인 모양인 ☐☐를 여러 개 사용하여 아래 세 모양에 겹치지 않고 빈틈없이 붙일 때 가능한 것과 불가능한 것을 생각해 보자.

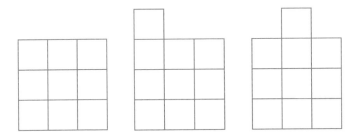

 첫 번째는 칸의 개수가 홀수이니 당연히 안 되고, 나머지는 실제로 해 보니 두 번째는 가능하고 세 번째는 불가능해요.

아래와 같이 색칠을 해 보면 답을 쉽게 알 수 있단다.

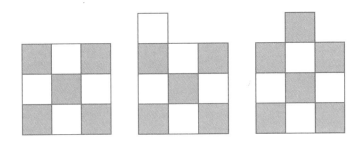

정사각형 두 개를 붙인 모양을 마찬가지로 ▧▢이렇게 색칠을 하면 색칠된 것 한 개, 색칠되지 않은 것 한 개가 되겠지? 이 모양 을 여러 개 붙이려면 색칠된 것과 색칠되지 않은 것의 개수가 같 아야 해. 네 말처럼 첫 번째 그림은 칸의 전체 개수만 세어 보아도

알 수 있고, 두 번째 그림은 색칠된 칸이 5개, 색칠되지 않은 칸이 5개이니까 빈틈없이 붙일 수 있는 방법이 있는 거야. 세 번째는 색칠된 칸이 6개, 색칠되지 않은 칸이 4개이니까 겹치지 않고는 불가능한 거고.

한 번 더 응용해 볼까? 그림과 같은 퍼즐에서 입구에서 시작하여 모든 칸을 한 번씩 지나서 나가려고 할 때 ㉠과 ㉡ 중 어느 곳에 출구를 만들어야 할까?

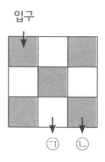

답은 ㉡이야. 전체가 아홉 칸으로 홀수이니까. 흑, 백, 흑, 백, … 반복하였을 때 흑으로 시작하면 흑으로 끝나야 하는 거지.

천재 수학자 가우스

어느 초등학교 교실에서 있었던 일이야. 선생님이 덧셈 연습을 시키기 위해서 문제를 냈어.

"1부터 100까지의 수를 모두 더해 보세요."

모두들 열심히 쓰면서 1부터 차례대로 하나씩 덧셈을 하고 있는데 계산은 하지 않고 한참을 뭔가 생각하고 있던 한 학생이 손을 번쩍 들었단다.

"왜 그러니?"

"답을 구했어요."

"벌써 답을 구했다고?"

"네, 정답은 5050이에요."

몰래 계산기를 사용한 게 아닐까요?

 계산기가 나오기 훨씬 전인 1787년에 실제로 있었던 일이
야. 이 아이가 바로 천재 수학자 가우스란다. 열 살 때 학교에서
덧셈을 공부하다가 일정하게 커지는 수의 합을 발견한 것이지.

 대단하다. 천재 맞네요.

 가우스는 정말 대단한 수학자야. 가우스의 이름을 딴 공식
이나 원리, 특수한 수만 해도 여러 가지란다. 지금부터 가우스가
일정하게 커지는 수의 합을 발견한 원리를 한 번 알아볼까?

　1에서 100까지의 합을 구하라는 문제를 만났을 때 가우스는
다른 친구들처럼 하나씩 더하지 않고 무언가 편리한 방법이 있
을 것이라고 생각했어. 그 방법이 무엇일지 골똘히 생각하다 마
침내 첫 수와 끝 수의 합, 두 번째 수와 끝에서 두 번째 수의 합,
세 번째 수와 끝에서 세 번째 수의 합이 모두 같다는 것을 발견
했지. 그런 뒤 다음과 같은 식을 생각한 거야.

$$1 + 2 + 3 + \cdots + 98 + 99 + 100$$
$$+ 100 + 99 + 98 + \cdots + 3 + 2 + 1$$
$$\overline{101 + 101 + 101 + \cdots + 101 + 101 + 101}$$

101이 모두 100개인데 1에서 100까지의 수를 두 번씩 더했으

므로 전체의 합을 2로 나누어 101×100÷2 = 5050

그림으로도 표현해 볼 수 있어. 원리만 알아보기 위해서 간단하
게 1에서 5까지의 합을 구한다고 하자. 조건을 간단하게 하여 원
리나 규칙을 찾아내는 것도 중요한 문제 해결 방법이야. 아래 그
림과 같이 정사각형 모양을 차례로 1개, 2개, 3개, 4개, 5개 붙인
다음 곱셈을 이용하여 해결하기 위해서 직사각형 모양을 만드는
거야. 직사각형 모양으로 정사각형이 놓여 있을 때는 개수를 곱셈
으로 쉽게 셀 수 있으니까.

→
똑같은 모양을
한 개 더 만들어 돌려서 붙여.

오른쪽 모양은 가로 5칸 세로 6칸이고, 같은 모양 2개를 붙여서
만든 모양이므로 2로 나누면 처음 모양의 정사각형 개수가 나와.

$$5 \times 6 \div 2 = 15$$

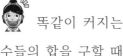 똑같이 커지는 수들의 합을 구할 때 그리는 무지개 그림과 비슷한 것 같아요. 오른쪽과 같은 방법을

$6 \times 2 + 3 = 15$

$7 \times 3 = 21$

사용하는데 원리는 같네요. 다만 무지개 그림을 그리면 수가 짝수 개이면 곱셈만 하면 되지만, 수가 홀수 개이면 가운데 수는 더해야 해요.

 그래, 세 가지 모두 원리는 같아. 하지만 무지개 그림을 그려서 해결하는 것은 수가 많아질 때는 할 수 없는 방법이겠지.

가우스가 생각한 방법을 1씩 커지는 수 말고 다른 수에도 적용해 보자. 1부터 100까지의 수 중에 차례로 홀수를 나열했을 때의 합을 구해 볼까?

가우스의 방법으로 하면

$$1 + 3 + 5 + \cdots + 95 + 97 + 99$$
$$+\ 99 + 97 + 95 + \cdots + 5 + 3 + 1$$
$$\overline{100 + 100 + 100 + \cdots + 100 + 100 + 100}$$

99가 50번째 홀수이니 100이 모두 50개인데 홀수를 모두 두 번씩 더했으므로 전체의 합을 2로 나누어 $100 \times 50 \div 2 = 2500$

95

정사각형 그림을 이용해도 같은 원리로 나온단다. 이건 쉬우니까 정사각형 그림을 다른 형태로 그려서 규칙을 찾아보자. 고대 그리스는 숫자가 없었기 때문에 도형을 이용해서 수를 표현했어. 고대 그리스의 도형 수로 홀수의 합을 구할 수 있어.

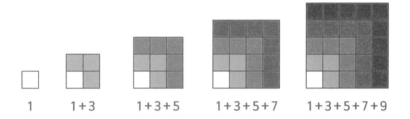

1   1+3   1+3+5   1+3+5+7   1+3+5+7+9

아! 작은 정사각형을 홀수 개씩 붙여서 큰 정사각형을 만들 수 있네요. $1 = 1 \times 1$, $1 + 3 = 2 \times 2$, $1 + 3 + 5 = 3 \times 3$, $1 + 3 + 5 + 7 = 4 \times 4$, $1 + 3 + 5 + 7 + 9 = 5 \times 5$, 홀수의 개수만큼 스스로 곱하면 돼요. 신기하다.

그럼 1에서 99까지 홀수의 합은 99가 50번째 홀수이니 $50 \times 50 = 2500$, 가우스의 방법으로 한 것과 같아요.

고대 그리스의 도형 수

고대 그리스는 삼각형, 사각형, 오각형 모양으로 점을 나열하여 점의 개수로 수를 표현하였습니다.

삼각수

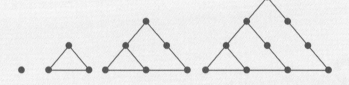

1   3 = 1 + 2   6 = 1 + 2 + 3   10 = 1 + 2 + 3 + 4

사각수

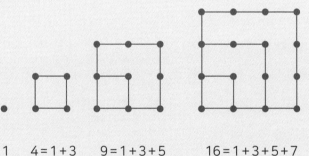

1   4 = 1 + 3   9 = 1 + 3 + 5   16 = 1 + 3 + 5 + 7

그중에서도 사각수는 어떤 자연수를 스스로 곱한 결과와 같다고 해서 제곱수라고도 부릅니다.

짝수의 합도 가우스의 방법을 사용할 수 있겠지? 짝수의
합은 도형으로 살펴보자.

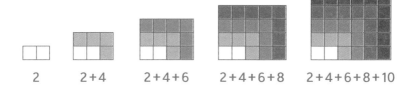

2   2 + 4   2 + 4 + 6   2 + 4 + 6 + 8   2 + 4 + 6 + 8 + 10

 홀수와 같은 방법으로 직사각형을 만들 수 있어요.

2 = 1×2, 2 + 4 = 2×3, 2 + 4 + 6 = 3×4, 2 + 4 + 6 + 8 = 4×5,

2 + 4 + 6 + 8 + 10 = 5×6

짝수의 개수와 그것보다 1 큰 수의 곱이네요. 참 신기해요.

한 가지 방법만 알아도 답을 구할 수 있지만 한 가지 원리
를 이렇게 다양하게 적용해 보고, 수를 도형으로, 도형을 수로 해
석해 보면서 폭넓은 수학적 사고를 할 수 있단다. 앞에서는 수의
합을 도형을 이용해 알아봤으니 이제 도형의 합을 수의 규칙으로
해석하는 문제를 살펴볼까?

　다음 그림에서 점이 늘어나는 규칙에 따라 10번째 그림에 나타
날 점의 개수를 구해 볼까?

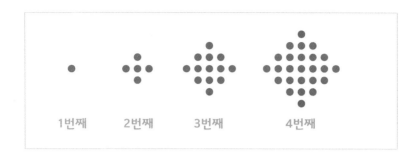

1번째   2번째   3번째   4번째

규칙으로 해결할 수 있는 문제잖아요. 1, $1+4$, $1+4+8$, $1+4+8+12$, ……. 커지는 수가 4의 배수로 커지네요. 그럼 10번째 그림에 나타날 점의 개수는 $1+4+8+12+\cdots+36$.

잠깐, 아빠의 설명을 들어 보렴. 그렇게 규칙을 찾아서 문제를 풀 수도 있지만 전체 그림에 대한 통찰력도 필요하단다. 일정하게 개수가 늘어나는 문제라고 해서 무조건 규칙으로 접근하기보다는 가우스처럼 문제를 관찰하고 생각해 보았으면 좋겠어.

다시 살펴볼까? 점에서 이웃하지 않은 점끼리 연결하는 두 선을 그리면 아래와 같아.

1번째   2번째   3번째   4번째

이것을 서로 다른 두 사각수로 나타낼 수 있어.

1번째 - 1

2번째 - 1×1 + 2×2

3번째 - 2×2 + 3×3

4번째 - 3×3 + 4×4

10번째 - 9×9 + 10×10

또 다른 방법은 점을 관찰하여 왼쪽부터 세로로 세면 차례로 홀
수 개가 된다는 것을 이용하는 거야.

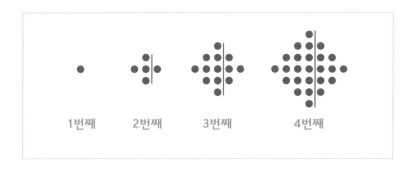

그림으로 보니까 무슨 말인지 쉽게 알겠어요. 왼쪽과 오른
쪽을 각각 홀수의 합으로 생각할 수 있네요. 이번에는 제가 아래
에 써 볼게요.

1번째 - 1

2번째 - $(1+3)+(1)$

3번째 - $(1+3+5)+(3+1)$

4번째 - $(1+3+5+7)+(5+3+1)$

홀수의 합을 각각 구하면 열 번째는 $10 \times 10 + 9 \times 9$가 되네요. 정말 천재 수학자가 발견한 신비한 수학의 세계네요.

10

에라토스테네스의 체

아래와 같은 문제를 풀어 본 적이 있니? 이런 문제를 만나면 나누기를 몇 번 해야 하나 짜증이 날 때도 있었을 거야.

> 아래 수 중에서 나머지가 없이 나누어떨어지는 수가 1과 자기 자신밖에 없는 수를 골라 보세요.
>
> ① 123   ② 133   ③ 142   ④ 157

소수를 구하라는 문제잖아요. 소수에 대해 책에서 읽어 본 적이 있어요. 그 수보다 작거나 같은 수로 나누어서 나누어떨어지는 수가 1과 자기 자신밖에 없는 수가 소수죠? 소수를 구하는 문제는 나눗셈을 너무 많이 해야 해서 힘들기는 하더라구요.

학생들이 가장 싫어하는 문제 중 하나야. 단순 계산을 많이 해야 해서 수학을 잘하는 학생들도 싫어하는 문제이지. 그런데 문제의 보기에 나와 있는 157이 소수인지 알기 위해서는 도대체 나눗셈을 몇 번 해 봐야 하는 걸까?

4는 2의 배수이니 2로 안 나누어지면 4로도 안 나누어지잖아요. 2로 나누어 봤으면 4, 6, 8, 10 등은 안 나누어 봐도 되겠고, 그렇게 해도 2, 3, 5, 7, ……. 엄청나게 많은 수로 나누어 봐야겠는걸요.

그게 바로 학생들이 소수에 대해 오해하고 있는 점이야. 실제로 157이면 다섯 개의 수로만 나누어 봐도 소수인지 아닌지 알 수 있단다. 다섯 개의 수라고 해 봐야 2, 3, 5, 7, 11이야. 나눗셈이 그렇게 복잡하지 않은 수들이지?

12나 14는 2의 배수이니 안 나누어 봐도 된다고 해도 13이나 17 같은 수로도 나누어 봐야 하는 것 아닌가요? 13이나 17도 소수잖아요. 앞에서 나누어 본 수로는 나누어떨어질지 그렇지 않을지 알 수가 없는데…….

약수와 배수, 그리고 소수

어떤 수를 나눌 때, 어떤 수를 나누어떨어지게 하는 수를 어떤 수의 약수라고 합니다. 예를 들어 1, 2, 3은 6을 나누어떨어지게 하므로 1, 2, 3은 6의 약수입니다.

어떤 수를 몇 배로 하여 나오는 수들을 어떤 수의 배수라고 합니다. 예를 들어 5를 1배, 2배, 3배 하면 5, 10, 15가 나오기 때문에 5, 10, 15는 5의 배수입니다.

배수와 약수는 서로 관계가 있습니다. 1, 2, 3은 6의 약수이지만 반대로 1, 2, 3을 몇 배 해서 6을 만들 수 있기 때문에 6은 1, 2, 3의 배수입니다.

약수가 1과 자기 자신 두 개밖에 없는 수를 소수라고 합니다. 예를 들어 2, 3, 5와 같은 수는 1과 자기 자신 외에는 약수가 존재하지 않기 때문에 소수입니다. 단, 1은 약수가 1개이기 때문에 소수가 아닙니다.

에라토스테네스라는 수학자가 소수에 대해 연구하다가 '체'로 치듯이 소수를 가려내는 방법을 발표했어. 이를 '에라토스테네스의 체'라고 부른단다. 에라토스테네스의 체를 따라 해 볼까? 1에서 100까지의 수판에서 '수를 지우는 방법'에 따라 하나씩 수를 지워 보는 거야.

1	2	3	4	5	6	7	8	9	10
11	12	13	14	15	16	17	18	19	20
21	22	23	24	25	26	27	28	29	30
31	32	33	34	35	36	37	38	39	40
41	42	43	44	45	46	47	48	49	50
51	52	53	54	55	56	57	58	59	60
61	62	63	64	65	66	67	68	69	70
71	72	73	74	75	76	77	78	79	80
81	82	83	84	85	86	87	88	89	90
91	92	93	94	95	96	97	98	99	100

◥ 수를 지우는 방법 ◤

1. 1은 예외적인 수입니다. 배수를 지우지 않고 소수도 아니므로 1만 지웁니다.

2. 2는 소수입니다. 2는 남기고 2의 배수는 소수가 아니므로 모두 지웁니다. (즉 2를 제외한 짝수는 모두 지우고 1을 제외한 홀수만 남깁니다.)

3. 3은 소수입니다. 3은 남기고 3의 배수는 소수가 아니므로 모두 지웁니다. (즉 3의 배수 중 짝수인 6, 12, 18 등은 이미 지워졌고 남은 홀수 중 3의 배수가 지워집니다. 2, 3, 5, 7, 11, 13, 17, 19, 23, 25, 29, …… 와 같은 수가 남습니다.)

4. 4는 이미 지워졌으므로 넘어가고 5는 소수입니다. 5는 남기고 5의 배수를 모두 지웁니다. (이제 남은 수는 2, 3, 5, 7, 11, 13, 17, 19, 23, 29, …… 등입니다.)

5. 6은 이미 지워졌습니다. 7은 소수입니다. 7은 남기고 7의 배수를 모두 지웁니다. (이제 남은 수는 2, 3, 5, 7, 11, 13, 17, 19, 23, 29, 31, …… 등입니다.)

6. 8, 9, 10은 이미 지워졌습니다. 11은 소수입니다. 그런데 11의 배수는 이미 모두 지워졌으므로 더 이상 지워야 할 수는 없습니다.

7. 남은 수를 살펴보았더니 모두 소수이고 그 배수들은 이미 모두 지워졌습니다.

 천천히 정확하게 따라 했다면 다음과 같이 수가 남았을 거야.

1	2	3	4	5	6	7	8	9	10
11	12	13	14	15	16	17	18	19	20
21	22	23	24	25	26	27	28	29	30
31	32	33	34	35	36	37	38	39	40
41	42	43	44	45	46	47	48	49	50
51	52	53	54	55	56	57	58	59	60
61	62	63	64	65	66	67	68	69	70

71	72	73	74	75	76	77	78	79	80
81	82	83	84	85	86	87	88	89	90
91	92	93	94	95	96	97	98	99	100

1에서 100까지의 수 중에서 소수를 찾으려면 이 방법이 가장 좋겠네요. 그런데 이건 너무 당연한 방식 아닌가요? 결국 소수를 찾기 위해서 작은 수부터 하나씩 모두 나누어 본 거잖아요.

네 말처럼 당연한 방식으로 생각하고 '100까지의 소수가 2, 3, 5, 7, 11, ……, 97이 있구나.' 하고 넘어갈 수도 있어. 하지만 여기서 끝이 아니란다.

1에서 100까지의 수 중에서 소수를 찾다 보니 1부터 차례로 배수를 지웠어. 반대로 100까지의 수 중에서 97이 소수임을 어떻게 알게 되었는지 살펴보자. 97이 소수임을 알게 될 때까지 몇 개의 수에 대한 배수를 지웠을까?

2의 배수, 3의 배수, 5의 배수, 7의 배수 모두 네 개의 수에 대한 배수를 지웠어요.

그렇다면 에라토스테네스의 체를 잊어버리고 97이라는 수가 소수인지 아닌지 판별하려고 한다면 몇 개의 수로 나누어 보아야 할까?

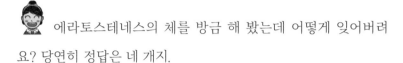 에라토스테네스의 체를 방금 해 봤는데 어떻게 잊어버려요? 당연히 정답은 네 개지.

 그냥 문제로 나온다면 말이지.

 2로 나누어 보고 3으로 나누어 보고 4는 2의 배수이니까 안해 봐도 되고 5로 나누어 보고 6도 안 해도 되고 7로 나누어 보고 8은 안 해도 되고 9도 안 해도 되고 10도 안 해도 되고 11로 나누어 보고…….

 에라토스테네스의 체를 해 보니 소수의 배수는 다른 수를 나누지도 않지? 그러니 소수만 나열해서 2, 3, 5, 7, 11, 13, …… 차례로 나누어 보게 되는데 꼭 11과 13으로도 나누어 봐야 할까?

 에라토스테네스의 체에서 11의 배수부터는 해 보지 않았으니까 필요 없다는 것은 알았어요. 하지만 왜 필요 없는지는 이해가 안 돼요.

 자, 수를 100으로 바꾸어 관찰해 보자. 먼저 100의 약수를 살피기 위해서 곱셈식을 적어 보았어.

1 × 100

2 × 50

4 × 25

5 × 20

10 × 10

곱셈식은 보통 작은 수와 큰 수의 곱이고 10 × 10의 경우는 같은 수의 곱이지. 다른 곱셈식은 10보다 작은 어떤 수와 10보다 큰 어떤 수의 곱으로 만들어지겠지. 10보다 큰 수의 약수는 반드시 10보다 작은 수의 약수를 곱셈식의 짝꿍으로 가지고 있다는 거야. 그래서 100의 약수를 모두 구할 때도 10까지의 수만 곱셈식을 따져 보면 약수를 모두 찾을 수 있어. 10보다 큰 수는 짝꿍이 될 테니까.

그럼 97에도 어떤 약수가 존재한다고 가정하면 97에 가까운 100 = 10 × 10이니 10보다 작은 수만 따져 보아도 소수인지 아닌지 알 수 있다는 거야. 그러니 10보다 작은 소수인 2, 3, 5, 7로만 나누어 보면 되는 거지.

그럼 157이 소수인지 아닌지 알기 위해서는 어떻게 하면 될까? 어림해 보면 13 × 13이 157보다 큰 169이니 157의 소수 판별을 위해서는 13보다 작은 소수인 2, 3, 5, 7, 11로만 나누어 보면 되는 거야.

소수의 판별

에라토스테네스의 체와 같이 많은 수의 범위에서 소수를 모두 찾으려면 2, 3, 5, 7처럼 작은 소수부터 차례로 배수를 지워 가며 찾으면 됩니다.

주어진 수가 소수인지 아닌지 판별할 때에는 같은 수를 스스로 곱하여 주어진 수와 비슷한 결과가 나오는 어떤 수를 찾고, 그 어떤 수보다 작거나 같은 소수로만 나누어 보면 됩니다. 나누어 본 모든 소수의 배수가 아니라면 주어진 수는 소수이고, 어떤 하나라도 나누어떨어지면 소수가 아닙니다.

예를 들어 299가 소수인지 아닌지 알아보려면 17×17 = 289이므로 1에서 17까지의 소수로만 나누어 보면 됩니다. 즉 2, 3, 5, 7, 11, 13, 17로 나누어 보는 겁니다. 299÷13 = 23이므로 299는 소수가 아닙니다. 299는 약수가 1, 13, 23, 299인 수입니다.

48쪽

▶ 풀이1

7의 배수보다 1 작은 수는 나머지가 6인 수이므로 각각의 나머지를 더하면 4+5+6=15이고, 15를 7로 나누면 나머지는 1.

▶ 풀이2

7의 배수보다 1 작은 수를 1 부족이라고 생각하면 (나머지 4)+(나머지 5)+(부족 1)=(나머지 8)이고, 8을 7로 나누면 나머지는 1.

86쪽

(홀수) + (홀수) = 짝수　　　　　(홀수) + (홀수) + (홀수) = 홀수

(짝수) + (짝수) = 짝수　　　　　(짝수) + (짝수) + (짝수) = 짝수

(홀수) + (짝수) = 홀수

(홀수) + (짝수) + (홀수) = 짝수　　(짝수) + (홀수) + (짝수) = 홀수

(홀수) × (홀수) = 홀수　　　　　(짝수) × (짝수) = 짝수

(짝수) × (홀수) = 짝수

88쪽

$1 + 2 + 3 + \cdots + 49 =$ 홀수

$1 + 2 + 3 + \cdots + 99 =$ 짝수

$1 \times 2 \times 3 \times \cdots \times 99 =$ 짝수

03

쉽고 재미있게 공부하는 수학

다른 모든 것과 마찬가지로 수학적 이론에서도 아름
다움을 느낄 수 있지만 설명할 수는 없다.

As for everything else, so for a mathematical
theory; beauty can be perceived but not
explained.

- 아서 케일리

01

교구에 들어 있는
수학적 원리

개미가 꿀을 찾아가는 가장 짧은 거리

 세 마리의 개미가 꿀 냄새를 맡고 길을 떠났단다. 성격이 급한 개미는 꿀을 빨리 먹고 싶은 생각에 마음이 급했지. 아래와 같은 세 가지의 경우 개미가 꿀을 먹으러 갈 수 있는 가장 빠른 길은 각각 무엇일까?

첫 번째 개미는 사각형 종이의 한쪽 구석에 있고 개미에게 가장 먼 반대쪽 구석에 꿀이 있어. 가장 빨리 꿀이 있는 곳으로 가려면 어떤 길로 가야 할까?

두 번째 개미는 정육면체의 한 꼭 짓점 위에 있어. 꿀은 개미에게서 가장 먼 곳에 있는 꼭짓점에 있고. 가장 빨리 꿀이 있는 곳으로 가려면 ①, ②, ③ 중에서 어느 길로 가야 할까?

세 번째 개미는 책상 위에 있어.

이번에는 일정한 간격으로 떨어져 있는 다른 책상 위에 꿀이 있어. 개미가 꿀을 가장 빨리 먹을 수 있도록 두 책상 사이에 나무젓가락을 놓아 주려면 어떤 위치에 두는 것이 좋을까?

단 나무젓가락은 책상에 직각이 되도록 놓아야 해.

 첫 번째 개미는 당연히 개미와 꿀을 잇는 선분을 따라가야 가장 빨리 꿀에 도착할 수 있어요.

 그렇지. 가장 가까운 길은 선분이나 직선으로 연결되는 길이야. 그건 금방 떠올릴 수 있지. 두 번째 개미는?

①번 같아요. ③번은 그냥 보기에도 너무 돌아가고, ①번이 대각선으로 빠르게 가서 모서리를 타고 내려오니까 가장 빠를 것 같아요. ②번은 ①번보다 옆으로 돌아가는 것처럼 보이고요.

 직접 한 번 따져 볼까? 개미와 꿀이 있는 두 면을 종이에 그려서 입체인 모양을 평면으로 펼쳐서 생각해 보자구. 어떠니?

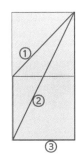

 ②번이 가장 빠르네요. 평면으로 펼쳐서 보니까 역시 선분으로 연결되는 길이 보이네요.

그럼 세 번째 개미는 어떻게 가야 되나요? 상황이 정확하게 이해되지 않아요.

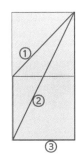 세 번째는 개미가 있는 책상과 꿀이 있는 책상 사이가 떨어져 있어서 책상을 건너갈 수 없는 상황이야. 그래서 개미가 가장 빨리 갈 수 있는 지점에 나무젓가락으로 다리를 놓아 주는 거지.

원리만 보면 앞의 두 가지 상황과 같아. 건너갈 수 없다는 것만 제외하면 말이야. 자, 이 상황에서는 어떻게 하면 꿀과 개미를 이어 주는 선분을 만들 수 있을까?

오른쪽 그림과 같이 할 수 있다면 참 좋을 텐데요. 꿀과 개미를 선분으로 이어 주고 선분 위를 지나도록 나무젓가락을 놓아 주는 거예요. 너무 쉬우니까 나무젓가락을 직각으로 놓으라고 했나 봐요.

책상과 책상 사이에 나무젓가락으로 다리를 놓는 경우를 생각해 보자. 그림과 같이 다리를 세 군데 놓아 보았어. 어떤 다리로 책상을 건너가는 게 가장 빠를까?

이런 뻔한 질문을 하시다니. 당연히 ②번이 가장 가깝죠. ①번이나 ③번을 고를 사람은 없을걸요.

책상을 건너가는 시간이니까 다리의 길이만 생각해 봐.

다리의 길이요? 그건 다리를 어디에 놓든지 다 똑같죠

그렇지? 별것 아닌 것 같지만 굉장히 중요한 포인트란다.

다리를 어디에 놓든 책상 사이를 건너가는 시간이 같다면 책상 사이가 떨어져 있는 공간이 아예 없다고 생각해 버리는 거야. 오른쪽 그림처럼 종이를 접어 봐.

– – – – – – – – – 볼록하게 접기
– – – – – – – – – 오목하게 접기

이걸 그대로 접으면 요렇게 되네요. 아, 종이를 접어 보니 알겠어요. 종이를 붙인 뒤 선분을 그리면 되네요.

그러니까 책상과 책상을 붙여서 선을 그리고, 다시 떨어뜨린 다음 떨어진 두 선의 끝 부분에 두 지점을 잇는 다리를 놓으면 가장 짧은 거리를 찾을 수 있어요.

그렇지. 또 다른 방법도 있어. 이렇게 책상을 붙여서 찾으면 가장 정확하지만 책상을 붙였다고 상상하고 책상이 이동했을 때 움직이게 되는 개미의 위치를 찾아서 선을 그릴 수도 있지.

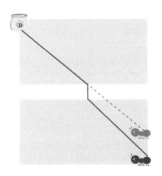

세 가지 상황이 모두 같은 원리에서 출발하네요. 가장 빠른 길은 선분이다! 직접 실험해 보니 더 재미있고 확실히 알겠어요.

주사위와 주사위의 전개도

모든 주사위는 마주보고 있는 면끼리 눈의 수를 더하면 7이 돼. 이 성질을 '주사위의 7점 원리'라고 하지. 7점 원리는 초등학교 1학년 수학경시대회에서부터 나오기 시작해서 여러 시험에 자주 등장해.

아빠는 그보다 덜 알려진 주사위의 성질인 '좌회전(우회전)의 원리'를 알려줄게. 변과 변을 붙여서 주사위 모양을 만들 수 있는 평면 그림을 전개도라고 해. 주사위의 두 가지 성질인 '7점 원리'와 '좌회전(우회전)의 원리'를 알고 있으면 주사위와 주사위의 전개도 사이의 관계를 이해하는 데 도움이 될 거야. 우선 주사위의 7점 원리를 제대로 알고 있는지 살펴볼까? 다음 그림에서 빈칸에 알맞은 주사위의 눈을 맞춰 봐.

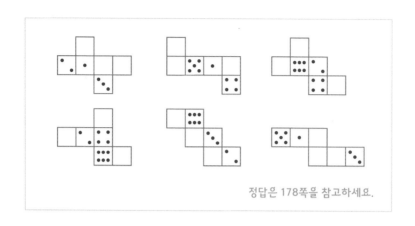

정답은 178쪽을 참고하세요.

예전에는 전개도 모양만 봐도 어려웠는데 주사위의 7점 원리를 알고나서는 혼동되지 않아요. 제가 그림으로 한번 그려 볼게요.

왼쪽 전개도에서 눈 3과 눈 4는 가운데 눈 1을 사이에 두고 나란히 있어요. 이렇게 놓여 있는 두 눈은 전개도를 접어 주사위 모양을 만드는 그림에서 보듯이 마주보게 돼요. 2와 5, 1과 6도 마찬가지고요.

오른쪽과 같은 전개도에서 ㉠에 알맞
은 눈은 무엇인지 알겠니?

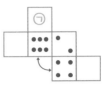

그림에서 눈 6과 눈 4가 있는 두 면은 주사위 모양을 만들
때 서로 붙여야 하는 면이에요. 눈 4가 눈 6 아래에 온다는 것이니
까 ㉠과 마주보는 눈은 눈 4예요. 7점 원리를 적용하면 ㉠에는 눈
3이 와야 해요.

잘 알고 있구나. 이번에는 좌회전, 우회전의 원리를 살펴보
자. 모든 주사위의 마주보는 눈의 합은 7인데 비하여 좌회전과 우
회전은 주사위마다 조금 달라.

집에 있는 주사위 하나를 들고 확인해 보자. 주사위의 눈 1, 2, 3
중 두 개를 더해서 7을 만들 수 없기 때문에 7점 원리를 적용하면
세 개의 눈은 서로 이웃하게 되어 한 꼭짓점에 모이게 되어 있어.

눈 1, 2, 3을 배열하는 방법은 오른쪽
그림과 같이 한 꼭짓점에서 눈 1을 기준
으로 왼쪽 방향으로 배열(좌회진)될 수

(좌회전)   (우회전)

도 있고, 오른쪽 방향으로 배열(우회전)될 수도 있단다.

이와 같이 눈 1, 2, 3이 한 꼭짓점에 모여서 왼쪽으로 배열되
면 '좌회전의 원리', 오른쪽으로 배열되면 '우회전의 원리'라고 해.

7점 원리가 주사위 전개도의 마주보는 면을 익힐 수 있는 도구

라면, 좌회전(우회전)의 원리는 한 꼭짓점에 모여 있는 3면의 배열을 분석할 수 있는 도구가 돼.

아래와 같은 두 개의 주사위가 있어. 오른쪽 전개도는 둘 중 어느 주사위의 전개도일까?

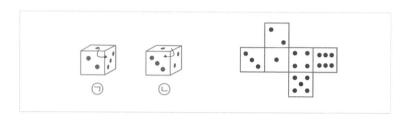

 ㉠ 주사위의 전개도예요. 전개도의 눈 1, 2, 3의 배열을 선으로 그려 보니 ㉠과 같이 좌회전의 원리가 적용된 주사위라는 것을 알았어요.

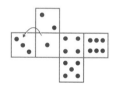

 한 문제 더 풀어 볼까? 오른쪽의 전개도는 어느 주사위의 전개도일까?

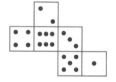

 이건 눈 1, 2, 3이 모여 있지 않아서 판단하기가 어려운데요?

 7점 원리 때문에 눈 1, 2, 3의 배열과 눈 4, 5, 6의 배열은 같아. 눈 1, 2, 3이 좌회전의 원리대로 배열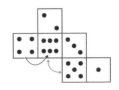
되어 있다면 눈 4, 5, 6에도 좌회전의 원리가
적용돼. 주사위로 확인해 보렴. 눈 4, 5, 6을
관찰하면 눈 5와 눈 6이 서로 붙어 있다는
것을 알 수 있어. 눈 6이 눈 5의 위에 있다고 생각하면 눈 4, 5, 6
의 배열은 좌회전의 원리대로라는 것을 알 수 있어. 따라서 이 주
사위도 ㉠ 주사위지.

이렇게 눈 1, 2, 3의 배열과 눈 4, 5, 6의 배열은 같아. 문제에 따
라서 눈 1, 2, 3과 눈 4, 5, 6 중 빨리 찾을 수 있는 배열을 관찰해
어느 방향으로 배열되어 있는지를 찾아서 비교하면 된단다.

초등학교 5학년 수학 교과에 나오는 전개도 문제 중에서 7점
원리와 좌회전의 원리를 활용할 수 있는 예를 살펴보자. 아래의
두 그림은 같은 전개도야. 왼쪽 전개도를 보고 오른쪽 전개도의
㉠에 들어갈 모양을 찾아볼까?

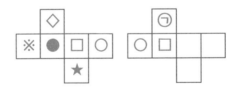

오른쪽 그림에서 ○와 □가 중요한 힌트라고 볼 수 있어. ○을
기준으로 ○, □, ㉠의 배열을 보면 좌회전이지?

왼쪽 전개도에도 같은 ○, □의 순서로 좌회 전 방향의 선을 그려 보면, ○, □ 다음에 ★이 온다는 것을 알 수 있을 거야.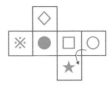

전개도 문제는 결코 쉽지는 않지만 주사위에서 찾을 수 있는 원리를 이용하여 입체 모양과 전개도 모양을 비교해 보는 것은 아주 좋은 방법이야. 주사위를 관찰하면서 위의 원리를 적용해 보렴.

하노이의 탑

고대 인도 베나레스의 한 사원에 세상의 중심을 나타내는 곳이 있었고 그 안에는 다이아몬드 기둥 세 개가 세워져 있었어. 기둥 중 하나에는 순금으로 된 64개의 원판이 크기가 큰 것부터 작은 것 순으로 차례대로 쌓여 있었어. 승려들은 원판을 다른 기둥으로 한 번에 한 개씩 옮겨야 했어. 작은 원판 위에 큰 원판을 올려놓아서는 안 되는 게 규칙이었지.

그런데 기둥에 있는 64개의 원판이 반대 쪽 기둥으로 모두 옮겨지면 세상에 종말이 온다는 이야기가 전해 내려오고 있어.

프랑스의 수학자 루카스가 발표한 하노이의 탑에 관한 이야기야. 루카스는 이 이야기에서 규칙에 맞게 원판을 옮기는 것은 매우 오래 걸리는 일이라는 것을 말하고자 했단다. 실제로 모든 원판을 다른 기둥으로 옮기기 위해서는 원판 한 개를 옮기는 데 1초가 걸린다고 계산해도 5800억 년이 넘게 걸린다고 해. 그러니 세상의 종말을 걱정할 필요는 없겠지?

하노이의 탑은 직접 해 보는 것이 좋아. 인터넷에서 쉽게 재료를 구입할 수도 있고 스마트폰의 어플리케이션으로 해 볼 수도 있어. 그림과 같은 원판을 가장 왼쪽 기둥에서 가장 오른쪽 기둥으로 옮기는 횟수에 대해 알아보자.

어떤 원리를 찾을 때에는 간단한 규칙부터 찾아보는 것이 좋을 때가 많아. 하노이의 탑도 그렇게 해 보자.

왼쪽 기둥에 있는 원판 한 개를 오른쪽 기둥으로 옮기려면 몇 번 옮겨야 하니?

 한 번요.

 그럼 왼쪽 기둥에 있는 원판 두 개를 오른쪽 기둥으로 옮기려면 몇 번 옮겨야 할까?

위에 있는 작은 원판을 가운데로 옮기고 아래의 원판을 오른쪽으로 옮긴 뒤 가운데 있는 작은 원판을 오른쪽으로 마저 옮겨야 하네요. 총 세 번이네요.

 원판이 세 개일 때나 네 개일 때도 생각해 보겠니? 직접 해 보는 게 가장 좋아. 규칙을 정확하게 지켜야 해. 가장 왼쪽 기둥에 있는 원판을 가장 오른쪽 기둥으로 옮기는 것으로, 한 번에 한 개씩만 옮겨야 하고 작은 원판 위에 큰 원판을 올릴 수 없다는 걸 잊지 마.

이렇게 해 보았어요.

원판의 개수	1개	2개	3개	4개
옮기는 횟수	1번	3번	7번	15번

규칙이 있네요. 원판이 한 개에서 두 개가 될 때 옮기는 횟수는 두 번이 더 많아지고, 두 개에서 세 개가 될 때에는 네 번이, 세 개에서 네 개가 될 때에는 여덟 번이 많아지네요. 그럼 원판이 다섯 개일 때는 직접 해 보지 않아도 서른한 번 옮겨야 된다는 것을 알 수 있어요.

잘 찾았다. 그런데 여기에는 다른 규칙도 있단다.

1개 : 2 - 1 = 1

2개 : 2×2 - 1 = 3

3개 : 2×2×2 - 1 = 7

4개 : 2×2×2×2 - 1 = 15

5개 : 2×2×2×2×2 - 1 = 31

......

 신기방기!

 하하, 하노이의 탑에는 또 다른 규칙도 많단다. 각각의 옮긴 횟수를 보면 바로 앞에 옮긴 횟수의 두 배에 1을 더한 값과 같아.

2개 : 1(1개를 옮긴 횟수)×2 + 1 = 3

3개 : 3(2개를 옮긴 횟수)×2 + 1 = 7

4개 : 7(3개를 옮긴 횟수)×2 + 1 = 15

5개 : 15(4개를 옮긴 횟수)×2 + 1 = 31

......

 읍.

 이런 규칙이 생기는 이유가 있단다. 원판 다섯 개를 옮긴다 고 생각해 보자. 이미 규칙을 알고 있으니 서른한 번을 옮겨야 한다는 걸 바로 말할 수 있겠지. 하지만 실제로 서른한 번을 정확하게 옮기기란 쉬운 일이 아니야. 다음 과정을 살펴볼까?

가장 작은 원판을 먼저 옮기는 방법을 생각하지 않고 가장 큰 원판을 옮기는 방법을 생각해 보면, 가장 큰 원판 위에 있는 원판 네 개를 가운데 기둥으로 옮겨야 함을 알 수 있습니다.

가장 큰 원판 위의 네 개를 가운데 기둥에 옮기면 되는데, 원판 네 개를 한 개의 기둥으로 옮기는 방법은 이미 원판 네 개를 옮길 때 해 보았듯이 열다섯 번입니다. 따라서 왼쪽과 같이 옮기는 데 열다섯 번을 움직여야 하죠.

그 다음 가장 큰 원판을 오른쪽 기둥으로 옮깁니다.

그 후 다시 가운데 원판 네 개를 오른쪽 기둥으로 옮기는 데 열다섯 번을 움직여야 하겠지요. 그래서 15번 + 1번 + 15번 = 31번을 옮겨야 함을 알 수 있습니다.

이 과정은 원판이 몇 개이든 똑같이 적용되지. 원판이 모두 네 개일 때도 작은 원판 세 개를 가운데 기둥으로 옮겨 놓고, 가장 큰 원판을 오른쪽 기둥으로 옮긴 뒤, 다시 작은 원판 세 개를 오른쪽 기둥으로 옮겨야 해. 그러니 7번(세 개를 옮기는 데 움직이는 횟수) + 1번(가장 큰 원판을 옮기는 횟수) + 7번(세 개를 옮기는 데 움직이는 횟수) = 15번인 거야.

바로 앞에 옮긴 횟수의 2배에 1을 더하는 이유를 알겠지?

마지막으로 한 가지 규칙만 더 살펴보자. 원판 한 개를 옮길 때는 그냥 1번이지만, 가장 위의 작은 원판부터 원판①, 원판②, 원판③과 같이 번호를 붙여서 보면, 원판 두 개를 옮길 때는 원판① 은 두 번 움직이고, 원판②는 한 번 움직여(2 + 1). 원판 세 개를 옮길 때는 원판①은 4번 움직이고, 원판②는 2번, 원판③은 1번 움직이지(4 + 2 + 1).

원판 네 개를 옮길 때는 원판①은 여덟 번, 원판②는 네 번, 원판
③은 두 번, 원판④는 한 번 움직이고(8 + 4 + 2 + 1).

이처럼 모두 옮겨 놓고 관찰하면 가장 아래의 원판은 한 번 움
직이고, 위로 올라갈수록 움직이는 횟수가 두 배가 된단다.

 하노이의 탑에서 찾을 수 있는 규칙이 굉장히 많네요. 옮기
는 게 다가 아니었어요. 신기한 수학!!

02

수학 게임에 숨은
수학적 원리

수학 마술

 아빠가 수학 마술 하나 보여 줄까? 네가 태어난 달에 5를 곱해 봐. 아, 말하지는 말고 속으로 생각만 하고 있어야 해.

 했어요.

 거기에서 5를 빼.

 네.

다시 그 수에 10을 곱하고, 태어난 날에 해당하는 수를 더해.

 했어요.

 거기에 두 배를 하고 100을 더해.

 네.

 자, 이제 그 수에서 태어난 날을 빼면 얼마니?

 214요.

 아! 알았다.

 뭘 알아요? 설마, 아빠 제 생일 잊어버리셔서…….

 앗!

 아빠가 물어보신 걸 식으로 써 보면

$$\{(월 \times 5 - 5) \times 10 + 일\} \times 2 + 100 - 일$$

안에서부터 괄호를 없애 보면

{(월 × 5 − 5) × 10} × 2 + 100 − 일

↳ (월 × 5 − 5) × 10 = 월 × 50 − 50

{월 × 50 − 50 + 일} × 2 + 100 − 일

↳ {월 × 50 − 50 + 일} × 2 = 월 × 100 − 100 + 일 × 2

따라서 괄호를 모두 없애고 정리하면

월 × 100 − 100 + 일 × 2 + 100 − 일 = 월 × 100 + 일

그래서 제 생일 2월 14일의 숫자가 나타나 있는 214가 된 거네요.

 그렇지. 식을 쓰고 괄호 계산만 이해하면 얼마든지 재미있게 이런 식을 만들어 볼 수 있을 거야. 이번에는 이 문제를 한 번 해결해 볼래?

수학 나라에 수학 귀신이 문을 지키고 있어. 문은 한 자리 수로 된 세 개의 비밀번호를 차례로 눌러야 열린단다. 수학 귀신은 비밀번호를 가르쳐 주지 않고 문을 지나가려는 사람에게 말했어.

"세 개의 수를 골라서 말해 봐. 그럼 내가 그 수에 비밀번호 세 개를 차례로 곱한 다음 모두 더해서 알려 주마."

비밀번호를 맞출 수 있는 방법은 무엇일까?

글쎄요.

방법은 아래에 암호로 써 놓았어.

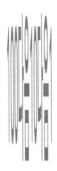

 아빠, 이걸 어떻게 읽어요.

 책을 눕혀서 아래에서 바라보렴.

 아……. 이렇게 하면 수학 귀신이 알려준 숫자로 비밀번호가 무엇인지 알 수 있겠네요.

님 게임

 이번에는 아빠랑 바둑돌로 게임을 해 볼까? 바둑돌이 아래와 같이 열 개가 있어.

번갈아 가면서 바둑돌을 가져갈 수 있고 한 번에 한 개에서 세 개까지 바둑돌을 가져갈 수 있다는 것이 규칙이야. 마지막 바둑돌을 가져가는 사람이 게임을 이기는 거고.

자, 네가 먼저 바둑돌을 가져갈래?

 한 개 가져갔어요.

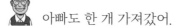 아빠도 한 개 가져갔어.

또 한 개 가져갔어요.

아빠는 세 개 가져갔어.

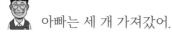

음……. 졌네요. 최대 세 개까지 가져갈 수 있기 때문에 제가 몇 개를 가져가도 아빠가 마지막 바둑돌을 가져갈 수 있네요. 마지막에 네 개를 남기면 이기는구나.

한 판 더 해요. 한 개 가져갔어요.

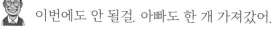 이번에도 안 될걸. 아빠도 한 개 가져갔어.

 음……. 내가 몇 개를 가져가더라도 아빠가 6번 바둑돌까지 가져가서 네 개를 남기겠네요. 이번에도 졌어요. 한 번 더 하시죠.

 안 해. 이제 규칙을 알아차렸으니 그만하자. 하하.

 아빠 미워!!

 이 게임은 '님 게임'이라고 하는 논리 게임이야. 여러 번 하다 보면 이길 수 있는 방법을 찾을 수 있게 되지. 우리 딸은 빨리 그 방법을 찾아냈구나.

이기는 방법을 찾아내려면 거꾸로 생각해 보는 게 좋아. 마지막 10번 바둑돌을 가져가면 이기는 게임이니까 상대방이 10번 바둑돌을 가져갈 수 없는 마지막 개수를 생각해 보면 네 개를 남겼을 때라는 걸 알 수 있지. 그렇게 하면 상대방이 몇 개를 가져가더라도 내가 10번 바둑돌을 차지할 수 있으니까.

또 네 개를 남기면 이기는 게임이란 걸 알아차린 뒤 네 개를 남기기 위해서 여덟 개를 남기면 된다는 사실을 눈치챌 수 있어. 여덟 개를 남기면 상대방이 한 개를 가져갔을 때 나는 세 개, 두 개를 가져가면 나도 두 개, 세 개를 가져가면 나는 한 개를 가져가서 네 개를 남길 수 있잖아. 그래서 처음에 먼저 하는 사람이 두 개를 가져가면 이기는 게임이란다.

물론 가져갈 수 있는 바둑돌의 개수나 전체 바둑돌의 개수를 달리하면 이기는 방법이 달라지기는 하지만 원리는 똑같아.

예를 들어 열 개의 바둑돌 중에서 한 개 또는 두 개를 가져갈 수 있다고 하면 마지막 열 번째 바둑돌을 가져가기 위해서는 끝에 세 개를 남겨야 해. 그럼 상대방이 한 개를 가져가면 나는 두 개, 상대방 두 개를 가져가면 나 한 개를 가져가서 반드시 이기게 되지. 세 개를 남기면 이기는 게임이 되었으니 세 개를 남기기 위해서는 같은 원리로 여섯 개를 남기면 되는 거고, 여섯 개를 남기기 위해서는 아홉 개를 남기면 되기 때문에 처음에 한 개를 가져가면 반드시 이길 수 있어.

결국 한 개, 두 개, 세 개를 가져가는 규칙이면 끝에서부터 네 개씩 묶음을 만들어 남는 것을 가져가고, 한 개, 두 개를 가져가는 규칙이면 끝에서부터 세 개씩 묶음을 만들어 남는 것을 가져가면 이기는 거지.

잘 이해했는지 한 번 더 해 볼까?

바둑돌의 개수를 스무 개로 늘렸어. 한 번에 바둑돌을 한 개에서 네 개까지 가져갈 수 있는 것이 규칙이야. 이번에는 네가 먼저 해 봐. 처음에 몇 개를 가지고 갈래?

 잠깐 기다려 주세요.

스무 번째 바둑돌을 가지고 가려면 마지막에 다섯 개를 남기면 되는 거죠? 그럼 다섯 개씩 묶고 남은 바둑돌을 가져가면 되겠다. 5, 10, 15, 20, 잉? 아빠!!!

 알아차렸니? 다섯 개씩 묶으면 남은 돌이 없기 때문에 이 건 먼저하는 사람이 진단다. 하하하.

정육각형 '님 게임'

'님 게임'을 도형으로 해 볼 수도 있습니다. 아래와 같은 정육각형 판을 만들고 이것과 똑같은 그림을 한 쌍 만듭니다. 이번에는 선을 따라 가위로 잘라서 사다리꼴, 마름모, 정삼각형을 여러 개 만들고, 두 사람이 번갈아가면서 도형 한 개씩을 선택해 아래의 정육각형 도형 두 개를 채우는 게임과 세 개를 채우는 게임을 친구나 부모님과 해 볼 수 있습니다.

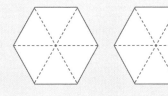

정육각형 '님 게임'을 이기는 전략

정육각형 '님 게임'에도 반드시 이기게 되는 방법이 있습니다. 정육각형이 두 개일 때에는 먼저 하는 사람이 정육각형에 도형 조각을 놓을 때 다른 정육각형에 그 모양을 똑같이 따라 하면 반드시 이기게 됩니다.

정육각형이 세 개일 때에는 다른 도형에 앞에 둔 모양을 그대로 따라 하는 전략을 사용할 수 없습니다. 이때에는 정육각형 모양 한 개 한 개 안에서 각각 먼저 한 사람을 따라 하는 방법을 사용합니다. 아래와 같이 마치 하나의 정육각형 가운데 거울을 놓은 것처럼 정육각형 안에서 상대방이 놓은 도형의 모양을 똑같이 따라서 놓으면 게임에서 이길 수 있습니다.

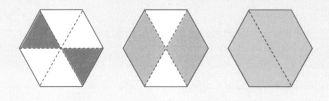

자동차 번호판 10 만들기

오랜만에 드라이브를 하니 좋구나. 아빠와 자동차 번호판 게임을 한 번 해 볼까?

자동차 번호판 게임은 어떻게 하는 건데요?

저 앞에 파란색 차 번호판 보이지? 4602, 숫자 4, 6, 0, 2를 가지고 10을 만드는 거야. 두 개를 붙여서 사용해도 되고, 네 개의 숫자를 각각 한 자리 수로 생각하고 사용해도 된단다. 아빠가 예를 들어 볼게.

4 + 6 = 10, 0×2 = 0이니까 10 + 0 = 10 (4 + 6 + 0×2 = 10)
4 + 6 = 10, 2와 0을 붙여서 20, 20 - 10 = 10 (20 - (4 + 6) = 10)

 무슨 말씀인지 알겠어요. 저기 흰색 차로 하죠. 3474.

3 + 7 = 10, 4 - 4 = 0이니까 10 + 0 = 10 (3 + 7 + 4 - 4 = 10)

 저는 다른 방법으로 했어요. 3 + 7 = 10, 4÷4 = 1이니까 10 × 1 = 10 ((3 + 7) × (4÷4) = 10)

한 가지 더 생각났어요. 3 + 4 = 7, 7 - 4 = 3이니까 7 + 3 = 10 (3 + 4 + 7 - 4 = 10)

잠깐, 그건 인정할 수 없어. 아빠가 3 + 7 + 4 - 4를 해서 10을 만들었는데 네가 한 방법은 순서만 바뀌었지? 그건 안되는 것으로 하자.

 그러죠 뭐. 근데 이거 생각보다 재미있네요. 또 해요.

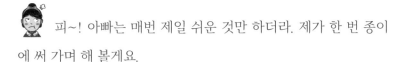 이제 운전에 집중해야 할 것 같은데? 다음에 친구들이나 엄마랑 해 보렴. 수학 문제를 풀 때 의외로 덧셈, 뺄셈에서 연산 실수를 할 때가 많잖아. 자동차 번호판 게임은 재미있기도 하고 기본 계산 연습과 함께 수를 쪼개고 더하는 유연성을 기르는 데 도움이 돼. 차를 타고 이동할 때 수시로 하면 좋겠지?

아빠가 같이 못하는 대신 비슷한 미션을 줄게. 혼자 해 보렴. 자동차 번호판 게임처럼 숫자 네 개를 가지고 수를 만드는 거야. 4444, 다시 말해 숫자 4 네 개를 가지고 괄호와 사칙연산을 사용해서 0에서 10까지 만들어 보는 거야. 아빠가 처음 0은 만들어 줄게. 44 − 44 = 0.

 피~! 아빠는 매번 제일 쉬운 것만 하더라. 제가 한 번 종이에 써 가며 해 볼게요.

4   4 - 4   4 = 0

4   4   4   4 = 1

4   4   4   4 = 2

4   4   4   4 = 3

4   4   4   4 = 4

4   4   4   4 = 5

4   4   4   4 = 6

4   4   4   4 = 7

4   4   4   4 = 8

4   4   4   4 = 9

4   4   4   4 = 10

여러 가지 경우가 있을 수 있습니다.

정답은 178쪽을 참고 하세요.

숫자 야구 게임

 아래 문제는 어느 수학경시대회 2학년 문제로 나왔던 거야.

준수와 창호가 수 맞추기 게임을 하고 있습니다. 한 사람이 수를 머릿속으로 떠올리면 다른 사람이 수를 예상해서 물어봅니다. 질문을 받은 사람은 수가 자기가 생각한 수와 숫자와 자리가 모두 같으면 □라고 대답하고, 숫자는 같지만 자리가 다르면 △라고 대답해 줍니다.

준수가 123을 머릿속에 떠올렸을 때 창호가 293이 맞냐고 물어봤습니다. 준수는 □△라고 대답할 것입니다. 준수의 대답에서 □는 숫자 3을, △는 숫자 2를 나타냅니다.

이번에는 창호가 어떤 수를 머릿속에 떠올리고 준수가 질문을 했습니다. 다음 대답을 보고 창호가 생각한 수를 구해 보세요.

(125, □△) (723, □□) (721, □)

창호가 머릿속에 떠올린 수는 숫자 7, 2, 3 중 두 개와 자리와 숫자가 모두 같네요. 그런데 세 번째 힌트에서는 자리와 숫자가 같은 숫자가 한 개만 있어요. 723과 비교하면 721에서 7과 2가 자리와 숫자가 같으니 7과 2 중에서는 한 개만 정답이 될 수 있겠네요.

그런데 723에 □가 두 개 있으니 창호가 생각한 수의 일의 자리 숫자는 3이에요.

음……. 가운데 숫자가 모두 2구나. 만약 자리와 숫자가 모두 같은 수가 2라고 가정한 뒤 첫 번째 조건을 따져 보면 1과 5 중에서 한 개가 자리는 다르고 숫자는 같으니까 523이 되네요. 두 번째 조건에 523을 비교해 보면 맞고, 세 번째 조건에 523을 비교해 봐도 맞네요. 답은 523이에요.

잘했구나! 이 문제는 아빠가 어렸을 때 많이 했던 숫자 야구 게임과 비슷하단다. 서로 다른 숫자 세 개를 가지고 세 자리 수를 만들어 서로에게 안 보이게 적어 놓고, 두 사람이 번갈아 가면서 한 번씩 질문을 해서 상대방이 적어 놓은 수를 맞추는 거지.

다른 규칙은 이 게임과 같고 자리와 숫자가 모두 같은 수가 있는 개수만큼 스트라이크, 자리는 다르지만 숫자가 같은 수가 있으면 볼이라고 대답을 하는 거지.

위 문제의 경우에 상대방이 125를 부르면 '원 스트라이크 원 볼'이라고 대답하고, 723을 부르면 '투 스트라이크', 721이라고 하면 '원 스트라이크'라고 알려주는 거야. 그 힌트를 이용해서 상대방이 생각한 숫자를 먼저 맞히는 사람이 이기는 거지.

숫자 야구 게임도 엄마나 친구들과 함께 해 보렴. 재미도 있고 논리력도 키울 수 있을 거야.

음악과 수학

악보 위의 수학

 혹시 악보가 수학과 관련되어 있다는 것을 알고 있니?

 아니요. 처음 듣는 이야기인데요.

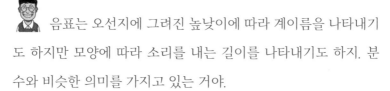 음표는 오선지에 그려진 높낮이에 따라 계이름을 나타내기도 하지만 모양에 따라 소리를 내는 길이를 나타내기도 하지. 분수와 비슷한 의미를 가지고 있는 거야.

음표의 길이는 단위 분수로 나타낼 수 있어. 단위 분수란 분자가 1인 분수를 말해.

아빠가 표로 정리해 보았어. 온음표의 길이를 기준으로 2분 음표는 소리를 내는 길이가 온음표의 $\frac{1}{2}$이고, 4분 음표는 $\frac{1}{4}$, 8분 음표는 $\frac{1}{8}$, 16분 음표는 $\frac{1}{16}$인 거야. 즉 4분 음표는 온음표가 내는 소리의 $\frac{1}{4}$만큼 소리를 낸다는 뜻이지.

이름	온음표	2분 음표	4분 음표	8분 음표	16분 음표
모양	o	♩	♩	♪	♪
소리의 길이					

아하! 음표의 이름 자체가 분수의 분모와 같이 몇으로 나누었다는 뜻이었네요.

그렇지. 그래서 4분 음표가 두 개면 2분 음표와 같고, 8분 음표가 두 개면 4분 음표와 같은 거야.

$$♩ + ♩ = ♩ \qquad ♪ + ♪ = ♩$$

그런데 음표는 단위 분수만 있나요? 노래를 만드는 데 $\frac{3}{4}$만큼 소리를 내고 싶으면 어떻게 해요? 4분 음표를 세 개 사용해야 하나요?

4분 음표 세 개를 사용할 수도 있기는 하지. 그렇지만 4분 음표 세 개를 사용하면 $\frac{3}{4}$ 길이만큼 소리를 내는 것이 아니라 $\frac{1}{4}$ 소리를 세 번 낸다고 생각할 수도 있잖아? 아~~~ 이렇게 소리를 내야 하는데 아, 아, 아 이렇게 말이야. 그래서 소리를 이어서 내야 할 때는 선으로 이어서 나타내기도 한단다.

다른 방법도 있어. 점음표를 사용하는 거야. 점음표는 음표 뒤에 점을 붙여서 그 음표의 절반만큼 소리를 더 내는 음표를 말해. $\frac{3}{4}$ 길이만큼 소리를 내려면 $\frac{1}{4} + \frac{1}{4} + \frac{1}{4}$ 을 $\frac{1}{2} + \frac{1}{4}$ 로 생각하고 점 2분 음표를 사용할 수도 있어.

 음표의 길이를 분수로 생각하니까 더 편리한 것 같기도 하고 더 어려운 것 같기도 하고 알쏭달쏭하네요.

 아빠가 문제를 내 줄 테니 한 번 풀어 봐. 빈칸에 똑같은 음표를 그려 넣는 거야.

1. ♩. = ⬜ + ⬜ + ⬜

2. ♩ + ♪ = ⬜ + ⬜ + ⬜

 1번은 점 4분 음표네요. $\frac{1}{4} + \frac{1}{8}$인데 $\frac{1}{4}$을 둘로 나누면 $\frac{1}{8}$ + $\frac{1}{8}$ + $\frac{1}{8}$ 이네요. 쉽다. 8분 음표가 들어가면 돼요.

2번은 2분 음표와 16분 음표죠. $\frac{1}{2} + \frac{1}{16}$ 이고 $\frac{1}{2}$을 둘로 나누면 $\frac{1}{4} + \frac{1}{4} + \frac{1}{16}$ 음, 이건 잘 모르겠어요. 이걸 어떻게 똑같이 세 개의 음표로 만들어요?

1번은 잘했고 2번은 예상대로 어려워하네. 힌트를 주마. $\frac{1}{4}$을 $\frac{1}{16}$이 될 때까지 더 나누어 봐.

$\frac{1}{4} + \frac{1}{4} + \frac{1}{16} = \frac{1}{8} + \frac{1}{8} + \frac{1}{8} + \frac{1}{8} + \frac{1}{16} = \frac{1}{16} + \frac{1}{16} + \frac{1}{16} + \frac{1}{16} + \frac{1}{16} + \frac{1}{16} + \frac{1}{16} + \frac{1}{16} + \frac{1}{16}$ 이렇게요?

가만 $\frac{1}{16}$이 아홉 개네요. 이걸 셋으로 나누면 $\frac{3}{16}$ 이고, $\frac{3}{16}$을 나타내는 음표를 찾으면 되겠군요. $\frac{2}{16}$는 $\frac{1}{8}$이니까 $\frac{1}{8} + \frac{1}{16}$으로 생각하면 점 8분 음표였어요. 2번 문제의 빈칸에는 점 8분 음표 세 개를 똑같이 넣을 수 있네요.

149

차근차근 잘했어. 음표의 길이로 계산하는 수학 공부 어떠니? 재미있지?

사실 분수를 더 배우면 수학 계산으로 쉽게 답을 낼 수도 있단다. $\frac{1}{2} + \frac{1}{16}$ 에서 분수는 분자와 분모에 0이 아닌 같은 수를 곱하거나 나누어도 크기가 변하지 않는다는 성질을 이용해서 분모를 똑같이 만드는 거야. 그럼 $\frac{8}{16} + \frac{1}{16} = \frac{9}{16}$ 이고 이걸 똑같이 셋으로 나누면 $\frac{3}{16}$ 세 개가 되는 거지. 이렇게 계산했으면 좀 더 쉬웠겠지?

물론 음표로 나와 있어서 분수로 완전히 바꾸어 생각하기가 쉽지는 않지만 말이야.

 악보에 사용되는 분수는 음표 말고도 더 있어. 악보의 제일 앞에 박자를 표시하는 분수야.

이 분수는 세로선으로 구분된 한 마디 안이 총 몇 박자로 이루어져 있는지를 나타낸 거야. 위 그림의 왼쪽부터 차례로 '4분의 2박자', '4분의 4박자', '4분의 3박자', '8분의 6박자'라고 부르지. 4분의 2박자는 한 마디 안에 4분 음표를 기본 박자로 박수를 두 번 칠 수 있는 노래라는 뜻이고, 4분의 4박자는 박수를 네 번 칠 수 있다는 뜻이야. 4분의 3박자는 세 번이겠지. 8분의 6박자는 8

분 음표를 기본 박자로 박수를 여섯 번 칠 수 있다는 뜻이야.

동요 '곰 세 마리'로 예를 들어 보자. 곰 세 마리는 4분의 4박자 노래야. 노래를 부르면서 손뼉을 쳐 보렴. 한 마디 안에 손뼉을 네 번 치는 것이 가장 자연스럽다는 것을 알 수 있을 거야.

아빠! 그런데 박수를 천천히 치니까 두 번 치는 것도 가능한데요? 그럼 2분의 2박자도 되는 건가요?

수학적으로는 4분의 4박자와 2분의 2박자가 똑같은 거야. 하지만 4박자와 2박자는 음악적인 차이가 있다고 해. 노래를 만든 사람의 의도가 들어간 것이지. 이런 식의 차이가 보다 분명하게 드러나는 것이 $\frac{3}{4}$ 박자 노래와 $\frac{6}{8}$ 박자 노래야. $\frac{3}{4}$ 과 $\frac{6}{8}$ 은 수학적으로 같은 분수야. 두 노래는 한 마디 안의 길이가 똑같다고 할 수 있거든.

$$\frac{3}{4} \text{박자} \qquad\qquad \frac{6}{8} \text{박자}$$

$$\downarrow + \downarrow + \downarrow = \flat + \flat + \flat + \flat + \flat + \flat$$

$$\frac{1}{4} + \frac{1}{4} + \frac{1}{4} = \frac{1}{8} + \frac{1}{8} + \frac{1}{8} + \frac{1}{8} + \frac{1}{8} + \frac{1}{8}$$

$\frac{3}{4}$ 의 분모, 분자에 2를 곱하면 $\frac{6}{8}$, 반대로 $\frac{6}{8}$ 의 분모, 분자를 2로 나누면 $\frac{3}{4}$. 악보로 봐도 8분 음표 두 개의 길이가 4분 음표 한 개의 길이와 같으니까 한 마디의 길이가 같은 악보라는 거네요. 그런데 두 박자의 노래에는 어떤 차이가 있는 걸까요? 노래의 속도가 다른가?

아빠도 처음에는 속도가 다르다고 생각했었어. 그런데 직접 노래를 부르면서 박자를 쳐 보고 나서야 음악적인 차이를 알게 되었지.

$\frac{3}{4}$ 박자 노래를 부르면서 박수를 쳐 보면 3박자 노래니까 당연히 한 마디 안에 손뼉을 세 번 칠 수 있어. $\frac{6}{8}$ 박자 노래는 여섯 박자 노래니까 여섯 번 손뼉을 칠 수 있지. 그런데 재미있는 것은 $\frac{6}{8}$ 박자 노래를 부르면서 박수를 두 번 치는 것은 가능한데 세 번 치는 것은 불가능하다는 사실이야.

그런데 여러 가지 노래를 찾아서 손뼉을 쳐 보니까 모든 노래가 다 그런 것은 아니더구나. 분명한 것은 $\frac{3}{4}$박자와 $\frac{6}{8}$박자는 수학적으로는 같은 양을 나타내지만 음악적으로는 서로 다른 느낌의 노래라는 것이란다.

프랙탈

프랙탈 모델

 물고기의 아가미, 사람의 폐나 혈관, 장의 공통점은 무엇일까?

 글쎄요. 동물이나 사람 몸의 일부분이라는 것?

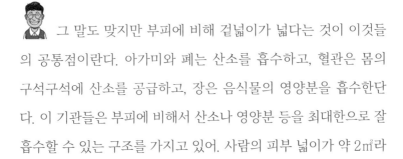 그 말도 맞지만 부피에 비해 겉넓이가 넓다는 것이 이것들의 공통점이란다. 아가미와 폐는 산소를 흡수하고, 혈관은 몸의 구석구석에 산소를 공급하고, 장은 음식물의 영양분을 흡수한단다. 이 기관들은 부피에 비해서 산소나 영양분 등을 최대한으로 잘 흡수할 수 있는 구조를 가지고 있어. 사람의 피부 넓이가 약 2㎡라

고 하는데 폐가 산소와 닿는 넓이는 약 80㎡, 몸 속에 퍼진 혈관의 길이는 약 10만km나 된다고 하니 엄청나지.

이런 기관처럼 주어진 부피에 비해 길이나 넓이가 큰 수학 모델이 있단다. 바로 코흐 눈송이나 시어핀스키 삼각형으로 대표되는 프랙탈 도형이야.

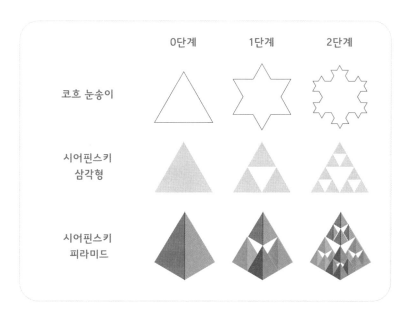

프랙탈은 과학관에 갔을 때 전시돼 있는 것을 본 적이 있어요. 부분과 전체가 서로 똑같은 모양으로 되풀이되는 구조를 말하는 거잖아요.

잘 기억하고 있구나. 일부가 전체를 닮은 자기 유사성과 한 부분만이 아니라 전체적으로 같은 모양이 되풀이되는 순환성을 가진 모양을 프랙탈이라고 해. 동물의 소화 기관, 호흡 기관이나 나뭇가지 모양, 창문의 성에 모양 등이 프랙탈이지. 이밖에도 자연에서 많이 발견할 수 있단다.

코흐 눈송이와 시어핀스키 삼각형은 넓이가 조금씩 늘어나거나 계속해서 작아지는 반면에 둘레가 크게 늘어나고, 시어핀스키 피라미드는 부피는 계속해서 작아지는데 겉넓이는 변함이 없단다.

아래 그림은 '밍거의 스폰지'라고 하는 다른 프랙탈 모델이야. 부피가 무한하게 작아질 때 겉넓이는 무한하게 커지는 형태란다.

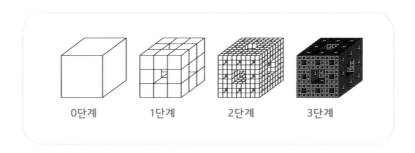

'밍거의 스폰지'를 보니까 우리 몸 속의 폐가 산소와 닿는 넓이가 약 80㎡라는 말이 이해가 되네요. 폐의 모습이 눈앞에 보이는 것만 같아요.

둘레의 길이와 프랙탈

 프랙탈의 원리를 떠올릴 수 있는 수학 문제를 한 번 보자.

다음 그림은 크기가 같은 네 장의 색종이 중 세 장을 가위로 자른 것입니다. 둘레의 길이를 비교해 보세요

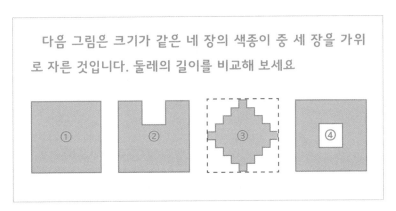

③번이 둘레의 길이가 가장 길지 않을까요? 계단 모양으로 생겨서 앞에서 살펴본 프랙탈 모형을 닮았어요.

잘못 생각했어. 그림을 봐. 각 선을 점선으로 모두 옮기면 색종이와 둘레의 길이가 같다는 것을 알 수 있지? 넓이는 많이 줄었지만 둘레는 변하지 않은 거야.

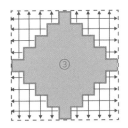

같은 원리로 관찰해 보면 ②번은 구멍 깊이의 2배만큼 ①번보다 둘레의 길이가 길어.

가장 둘레의 길이가 긴 것은 ④번이야. 바깥쪽 둘레가 ①번과 똑같고, 안쪽의 둘레만큼 둘레의 길이가 길어지지. 뿐만 아니라 프랙탈 모형처럼 둘레는 늘었는데 넓이는 줄었어.

선을 옮겨서 비교하니까 이해가 되네요. 그런데 아빠! 전 ④번과 ①번의 둘레 길이가 같다고 생각했어요. 둘레라는 말은 바깥쪽이라는 뜻을 포함하고 있는 것 아닌가요? 안쪽의 구멍도 둘레에 포함된다는 생각은 못했어요. 동그란 식탁이 있는데 가운데 구멍이 뚫어져 있다고 생각해 보세요. '식탁의 둘레'라고 할 때 안쪽의 구멍까지 생각하는 사람은 드물걸요.

수학에서 둘레는 '바깥'이라는 뜻보다는 '테두리'라는 뜻으로 기억하고 있는 게 나아. ④번과 같은 모양의 농장이 있다고 할 때 소들이 색칠된 영역을 벗어나지 못하도록 농장 주변에 울타리를 치려고 해. 그렇다면 바깥쪽 테두리뿐만 아니라 안쪽의 테두리에도 울타리를 쳐야겠지? 저 모양이 아주 커진다고 한다면 색칠된 곳에서 바깥쪽으로 바라보나 안쪽을 바라보나 큰 차이가 없지 않겠니?

직접 만들어 보는 프랙탈

 둘레의 길이로 프랙탈의 원리를 알아봤으니 이번에는 직접 프랙탈 모형을 그려 보자.

A4 용지는 사각형이지만 그 자체가 프랙탈이라고 할 수 있어. 프랙탈이 자기 유사성과 순환성을 가지고 있는 모양이라고 했지? 아래 그림은 전체 종이의 이름이 A0인 용지를 잘랐을 때 각 부분에 붙이는 이름을 나타낸 거야.

A1	A3	A4
		A4
	A2	

한 번 반으로 자를 때마다 용지 이름에 붙인 수가 1씩 커지는 규칙이 있지. 그런데 모든 용지의 짧은 변의 길이를 긴 변의 길이로 나누면 같은 값이 나와. 도형의 이런 성질을 닮음이라고 하는데, 닮음이기 때문에 복사기에 넣고 확대나 축소를 하면 어느 한쪽이 길어지지 않고 같은 모양으로 복사할 수 있는 거야. 이제 A4 용지의 성질을 이용해서 우리만의 프랙탈을 만들어 보자.

① A4 용지를 준비해. 이 도형이 0단계야.

② A4 용지를 가로로 길게 놓고 가운데에 세로의 $\frac{3}{5}$인 길이만큼 구멍을 뚫어. 이 도형은 1단계야.

③ 1단계에서 구멍을 따라 도형을 반으로 잘라서 생기는 두 사각형의 양쪽에 각각 $\frac{3}{5}$만큼씩 구멍을 뚫어. 이 도형이 2단계야.

④ 다음 그림은 이와 같은 단계를 반복한 7단계 도형이야. 일부분의 모양과 전체의 모양이 같은 자기 유사성을 가졌고 같은 모양이 반복되는 순환성도 가졌어. 폐와 똑같은 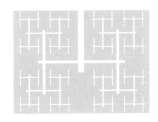 구조는 아니지만 폐도 이와 비슷한 원리로 공기와 닿는 넓이를 확보했음을 알 수 있어.

 A4 용지의 성질을 이용해서 만든 거네요.

 신기하지? 하나 더 해 보자. '수열 나무'라고 수열을 나무의 규칙으로 정해서 프랙탈을 만들 수 있어.

① 큰 나무 줄기가 있어. 이 나무가 0단계이고 줄기는 한 개야. 수열 나무는 새 가지가 생기는 규칙을 정하는 거야. 규칙은 '모든 줄기에 두 개의 새 가지가 생깁니다'로 정해 보자.

② 새 가지의 규칙을 적용한 1단계 그림이야. 줄기는 세 개야.

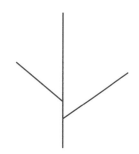

③ 다음은 2단계야. 줄기는 아홉 개야.

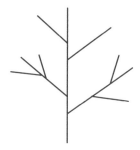

④ 다음은 3단계야. 줄기는 스물일곱 개.

이 수열 나무를 ■단계라고 한다면 줄기의 개수는 3을 ■개 곱한 수가 되는 규칙이 있어.

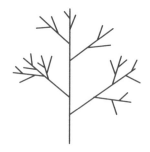

마지막으로 아래 문제를 풀어 보면서 프랙탈에 대한 공부를 마무리할까?

아래 수열 나무의 그림과 규칙을 보고 가지의 개수가 이루는 수열을 설명해 보세요.

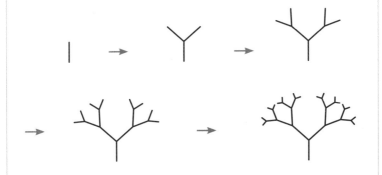

수열 나무의 규칙 : 나뭇가지의 끝에서 새로운 나뭇가지가 2개씩 자라고, 한 번 새 나뭇가지가 자란 가지에는 더 이상 나뭇가지가 자라지 않습니다.

정답은 179쪽을 참고하세요.

칠교놀이와 소마큐브

 칠교놀이는 정사각형을 일곱 개로 나눈 조각을 서로 붙여 가면서 여러 가지 모양을 만드는 퍼즐 놀이야. 오랜 옛날 중국에서 처음 시작된 놀이로 탱그램(Tangram)이라는 이름으로 전세계에 퍼졌지. 초등 수학 교과서에서도 본 적이 있을 거야.

유치원 다닐 때 해 본 적도 있는걸요.

아마 그랬을 거야. 칠교놀이는 길이와 넓이에 대해 학습할 수 있고 분수를 배우는 데에도 활용되고 있어. 여러 가지 모양을 만드는 놀이를 통해 공간 지각력을 키울 수도 있지.

소마큐브는 주사위 모양 정육면체를 붙여서 만든 입체 조각 일곱 개로 이루어진 놀이야. 칠교놀이는 평면 퍼즐이고 소마큐브는 입체 퍼즐 중 가장 유명한 퍼즐이지.

소마큐브는 덴마크의 수학자가 발명한 퍼즐이야. 정육면체 스물일곱 개로 이루어져 있기 때문에 3 × 3 × 3 모양의 큰 정육면체를 만들 수 있단다.

직접 만들어 보는 평면 퍼즐

칠교놀이를 만드는 방법을 그림으로 살펴볼까? 먼저 정사각형을 16등분하는 선을 만들어. 그 선과 선이 만나는 점을 이어서 칠교놀이를 만드는 거야.

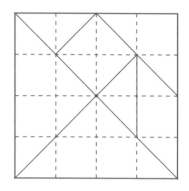

 그럼 색종이를 접어서 칠교놀이를 만들 수도 있겠네요?

 어렵지 않지? 이번에는 칠교놀이와 비슷하게 직접 모양을 정한 뒤에 평면 퍼즐을 만들어 보자. 어떻게 만들 수 있는지 가르쳐 줄게. 직접 다양한 모양으로 만들어 보는 거야.

먼저 정사각형 여러 개를 붙여서 만들 모양을 정해. 그런 다음 몇 조각으로 자를지 정하고 점과 점을 잇는 선을 그리는 거야. 이제 그 선을 따라 자르기만 하면 평면 퍼즐이 완성돼.

아빠는 정사각형 다섯 개를 붙여서 칠교놀이와 같은 퍼즐을 만들어 봤어. 이렇게 다섯 개의 정사각형으로 만든 퍼즐을 펜토미노라고 한단다. 이제 각 정사각형의 꼭짓점을 연결하는 선을 그리고 그 모양대로 잘라서 다섯 조각의 퍼즐을 만들었어.

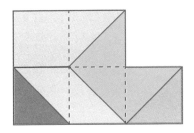

조각을 붙여서 다른 모양의 펜토미노를 만들어 볼까?

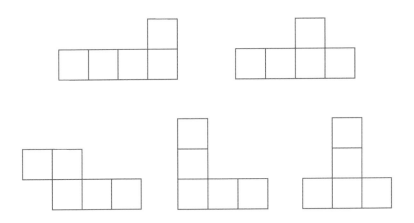

 시간이 걸리긴 했지만 다 만들었어요.

 이번에는 자유롭게 모양을 만들어서 이름을 붙여 볼까?

 좋아요! 자, 이런 모양들을 만들어 보았어요.

167

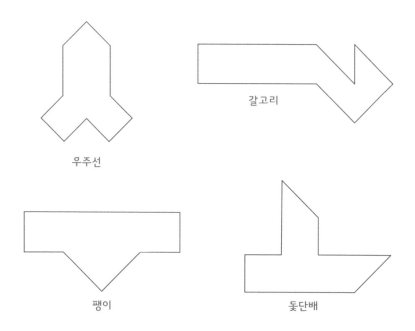

갈고리

우주선

팽이

돛단배

 재미있는 모양을 많이 만들었구나. 이름과 모양이 딱 맞아
떨어지는데? 잘했어. 그런데 이런 모양에 이름을 붙일 때 창의력
평가 점수를 좀더 받으려면 감정을 나타내거나 재미있는 수식어
를 붙이는 게 좋아. '우주선'보다는 '나의 꿈! 우주선' 어떠니?

그냥 우주선은 좀 심심한데 그렇게 하니까 더 좋은 거 같아
요. '갈고리'는 '후크 선장의 갈고리'로 바꿀까요?

그게 좀더 재미있겠구나. 똑같은 모양도 자르는 방법에 따

라 더 까다롭고 더 다양한 조각의 퍼즐이 될 수도 있어.

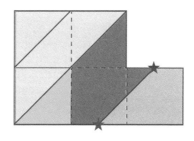

이번에 만든 퍼즐은 같은 펜토미노로 만든 퍼즐이지만 한 개의
선은 점과 점을 잇는 선이 아니고 정사각형의 변 가운데를 지나
도록 그어서 그 모양대로 잘랐어. 방향은 다른 선과 나란하게 그
렸지. 같은 방향으로 선을 계속 이어간다 하더라도 간격은 똑같을
거야. 이런 걸 평행이라고 하지. 자르는 방법이 특이해서 이 퍼즐
조각을 옮겨 붙이면 펜토미노 중에서 아래 두 가지 모양만 만들
수 있어.

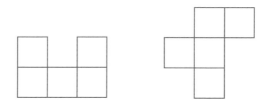

아까처럼 자유롭게 모양을 만들고 이름을 붙여 보렴.

여러 가지 모양을 만들어 보았어요. 점과 점을 이어서 자른 퍼즐보다 변의 가운데를 지나게 자른 퍼즐의 모양이 조금 더 다양한 형태를 만들 수 있네요.

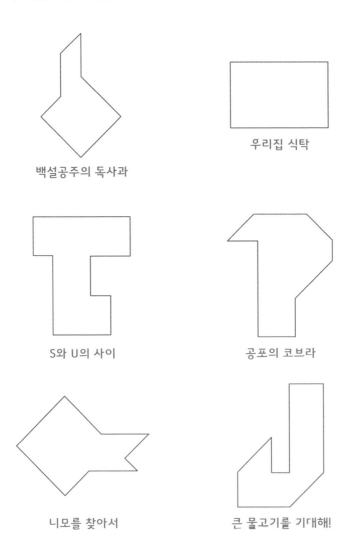

백설공주의 독사과

우리집 식탁

S와 U의 사이

공포의 코브라

니모를 찾아서

큰 물고기를 기대해!

아빠가 가르쳐 준 원리를 이용해서 펜토미노를 자르면 누구나 나만의 퍼즐을 만들 수 있어. 세상에 없는 퍼즐을 만들어서 나만의 모양을 만들고 이름을 붙여 본다면 그것보다 창의적인 수학 공부는 없을 거야. 다시 한 번 나만의 퍼즐에 도전을 해 봐.

내가 만든 소마큐브

  평면 퍼즐 중에 가장 유명한 것이 칠교놀이라면 입체 퍼즐 중에서 가장 알려진 것으로 소마큐브가 있지. 인터넷에서 쉽게 구입할 수 있는 쌓기나무와 목공 풀로 소마큐브를 만들면서 그 속에 숨은 수학적 원리를 살펴보자.

  안 만들어 보고 원리만 알아보면 안 될까요?

  하하하, 소마큐브를 만들어 보는 과정은 여러 가지 도형을 붙여서 만들 수 있는 모양을 찾는 방법을 깨닫게 해 준단다. 소마큐브는 매우 어려운 퍼즐이지만 직접 만들어 보면 조각을 바꾸어서 조금 더 쉽게 모양을 맞출 수도 있어.

  쌓기나무가 한 개만 있으면 이걸로 만들 수 있는 모양은 하나뿐이지. 여기에 한 개를 더 붙여서 만들 수 있는 모양은 모두 몇 가지일까?

두 개를 붙여서 만들 수 있는 모양은 한 가지예요. 쌓기나무 한 개의 위나 옆에 붙이면 얼핏 다른 것처럼 보이지만 누워 있는 조각을 세우면 똑같잖아요. 움직여서 같은 모양이 되면 똑같은 모양이 맞죠?

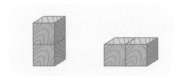

맞았어. 이번에는 한 개를 더 붙여서 세 개를 만들어 보자. 이제 몇 가지 모양을 만들 수 있을까?

두 가지예요. 두 개가 세워져 있는 모양의 위에 붙이는 방법과 옆에 붙이는 방법으로 각각 한 가지씩을 만들 수 있어요.

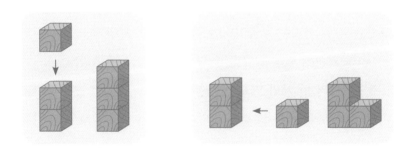

잘했어. 이제 네 개를 붙였을 때의 모양을 찾아볼까? 똑같은 모양이 없도록 주의해야 해.

세 개가 나란히 붙어 있는 모양에 하나를 더 붙여서 만들 수 있는 모양은 일단 세 가지가 나와요.

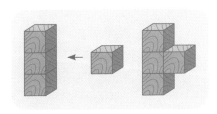

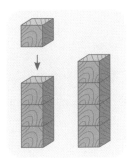 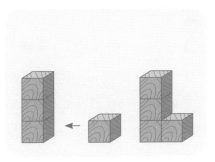

ㄴ 모양에 한 개를 더 붙이니까 다섯 가지가 나오네요.

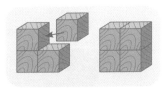

173

소마큐브는 3 × 3 × 3 모양의 큰 정육면체를 생각하고 만든 퍼즐이야. 그래서 소마큐브를 만들려면 작은 정육면체 스물일곱 개가 필요해. 이걸 가지고 정육면체 세 개를 붙인 모양 한 개와 네 개를 붙인 모양 여섯 개로 퍼즐을 만들었어.

세 개를 붙인 모양 중에는 ㄴ모양이 포함되어 있고, 네 개를 붙인 모양에는 나란히 네 개를 붙인 모양과 정사각형 모양으로 네 개를 붙인 모양이 제외되었어. 나란히 네 개를 붙인 모양은 3 × 3 × 3 모양의 큰 정육면체를 만들 수 없기 때문에 제외된 거야. 정사각형 모양으로 네 개를 붙인 모양은 다른 모양에 비해서 간단하게 생겼기 때문에 제외되었을 것으로 추측해 볼 수 있어.

즉 정육면체 네 개를 붙여서 만든 울퉁불퉁하게 생긴 모양 중에서 한 개나 두 개를 다음 두 모양으로 바꾸면 소마큐브 퍼즐을 쉽게 풀 수 있단다.

소마큐브를 풀다가 어려워서 답을 보기보다는 쉬운 형태로 바꾸어서 스스로 풀어 볼 수 있다면 더 좋겠지?

소마큐브에는 재미있는 모양이 또 있는데 바로 아래 그림이야.

이렇게 놓고 보니 똑같은 모양으로 보이는데요? 아, 거울에 비친 모양이구나.

 그렇지. 평면도형을 다룰 때에는 거울에 비친 모양을 같은 것으로 취급한단다.

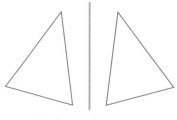

평면도형이 거울에 비친 모양

이유가 중요해. 두 모양 중 하나를 돌리고 뒤집어서 같은 모양으로 만들 수 있기 때문이지. 모든 거울에 비친 평면도형은 돌리고 뒤집어서 같은 모양으로 만들 수 있어. 하지만 소마큐브의 두 모양은 거울에 비친 모양이긴 하지만 돌리거나 뒤집어도 똑같이 보이도록 할 수 없는 모양이야. 그래서 소마큐브의 두 모양이 될 수 있는 것이야.

 닮았지만 똑같지는 않은 쌍둥이 같은 존재인가요? 평면도형처럼 같은 도형이라고 생각했는데 아니었군요.

이제 소마큐브에 대해 잘 알게 되었지? 마지막으로 쌓기 나무로 소마큐브를 만들고 아래와 같이 여러 가지 모양을 만들어 보렴.

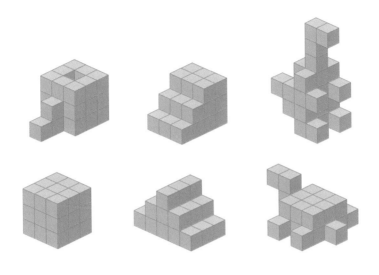

정답은 179쪽을 참고하세요.

121쪽

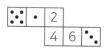

143쪽

$$4\,4 \div 4\,4 = 1$$
$$4 \div 4 + 4 \div 4 = 2$$
$$(4 + 4 + 4) \div 4 = 3$$
$$(4 - 4) \times 4 + 4 = 4$$
$$(4 \times 4 + 4) \div 4 = 5$$
$$4 + (4 + 4) \div 4 = 6$$
$$4 + 4 - 4 \div 4 = 7$$
$$4 + 4 + 4 - 4 = 8$$
$$4 + 4 + 4 \div 4 = 9$$
$$(4\,4 - 4) \div 4 = 10$$

163쪽

가지의 늘어나는 수가 2, 4, 8, 16으로 2배씩 커져 1, 3, 7, 15, 31이
되는 규칙입니다.

177쪽

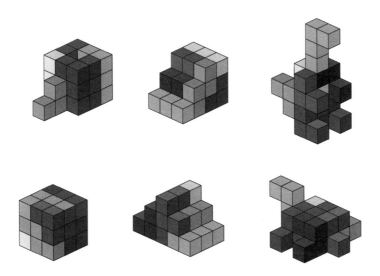

그 많은 문제를 풀고도 몰랐던

2판 1쇄 발행 | 2022년 1월 1일

지은이 | 천종현
표지 디자인 | 박영정
내지 디자인 | 오윤희
삽화 | 오준석
교정 및 교열 | 이미정
영업 | 김종렬

펴낸곳 | 천종현수학연구소
전화 | (031) 745 8675
팩스 | (02) 400 8675
이메일 | 1000_math@naver.com

값 | 12,000원
ISBN | 979-11-6012-098-1 64410